电动机检修

黄 芹　王明冬　编著

中国电力出版社
CHINA ELECTRIC POWER PRESS

内 容 提 要

本书主要内容包括基本知识、三相交流异步电动机的拆装技能训练、三相交流异步电动机的检修技能训练、单相异步电动机的拆装与检修技能训练、直流电动机的拆装与检修技能训练、控制电动机的检修技能训练、变压器的检修技能训练等。

本书可作为各类高等学校电子、电气工程及自动化、机电一体化等专业的参考书，尤其对初学者入门有较强的指导意义。

图书在版编目（CIP）数据

7天学会电动机检修/黄芹，王明冬编著. —北京：中国电力出版社，2014.1

ISBN 978-7-5123-5084-7

Ⅰ.①7…　Ⅱ.①黄…　②王…　Ⅲ.①电动机-检修　Ⅳ.①TM320.7

中国版本图书馆CIP数据核字（2013）第250029号

中国电力出版社出版、发行

（北京市东城区北京站西街19号　100005　http：//www.cepp.sgcc.com.cn）

汇鑫印务有限公司印刷

各地新华书店经售

*

2014年1月第一版　2014年1月北京第一次印刷

850毫米×1168毫米　32开本　4.75印张　122千字

印数0001—3000册　　定价**22.00**元

前 言

本书为电动机检修操作入门图书，图例丰富，讲解操作方法详细独特，突出实用效果。

为使学习更具时效性和针对性，本书引入时间概念，以天数划分理论知识点和技能点，每天的学习过程通过理论与实践的一体化实现，更容易使读者快速掌握电动机的检修操作技能。各天内容简要说明如下：

第 1 天　基本知识。主要包括电动机维修专用工具的使用、常用电工仪表的使用、电气设备故障检查方法等内容。

第 2 天　三相交流异步电动机的拆装技能训练。主要包括三相交流异步电动机的拆卸、安装等内容。

第 3 天　三相交流异步电动机的检修技能训练。主要包括三相交流异步电动机的常见故障及检修等内容。

第 4 天　单相异步电动机的拆装与检修技能训练。主要包括单相异步电动机的基本知识、拆卸、安装、常见故障及检修等内容。

第 5 天　直流电动机的拆装与检修技能训练。主要包括直流电动机的安装及检修等内容。

第 6 天　控制电动机的检修技能训练。主要包括步进电动机、伺服电动机的基本知识、检修等内容。

第 7 天　变压器的检修技能训练。主要包括变压器的基本知识、常用变压器、变压器的检修等内容。

本书具有以下特点：

1. 内容安排便于读者学习，读者只需从前往后阅读本书，便会掌握书中内容。

2. 采用大量的图片来阐述操作步骤，语言简洁，通俗易懂。

3. 注重动手操作能力的磨炼，能够将理论知识与实践操作相结合。

本书由淮北工业学校黄芹、湖北东风技师学院王明冬编写，全书由黄芹统稿。

由于编者水平有限，书中难免有不足之处，恳望广大读者批评指正。

编　者

2013 年 8 月

目 录

基 本 知 识

【必备知识 1】电动机维修专用工具的使用

一、裁纸刀

裁纸刀是用来推裁高出槽口的槽绝缘纸的专用工具，一般用断钢锯条在砂轮上打磨而成，把柄较长，如图 1－1 所示，也可用如图 1－2 所示的手术用弯头长柄剪刀。它们的剪刃能贴紧定子铁芯槽口，而手持的长柄又可远离槽口，不会划伤持剪刀的手指，可较灵活地剪掉高出槽口无用的槽绝缘纸边，用起来比较简单方便。

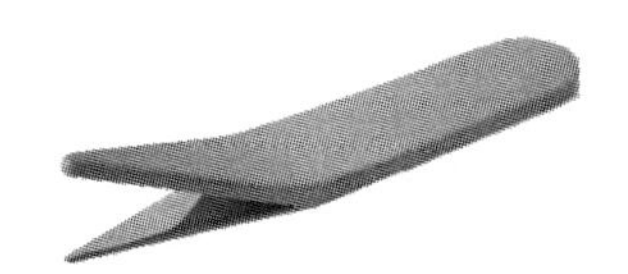

图 1－1 裁纸刀

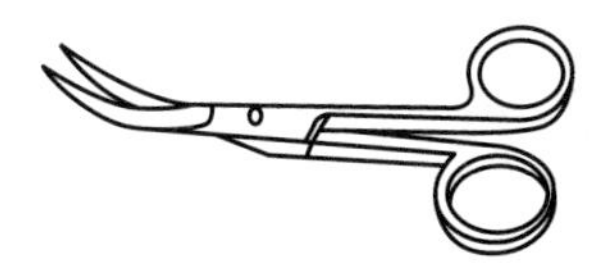

图 1－2 手术用弯头长柄剪刀

二、打板

打板也称整形敲板、撬板，用作绕组端部喇叭口整形时的辅助工具，如图 1－3 所示。大头用于敲打，小头用于撬动。

三、划线板

划线板也称理线板，是嵌线时将漆包线从引槽纸槽口划入槽内的专用工具，如图 1－4 所示。

划线板应根据电动机槽口尺寸选用或自制，自制的划线板长度约 10～20cm，宽度约 1～1.5cm，尖处厚度约 3mm，手持处应厚一些，因为太薄了手感不舒服。自制时一般用新鲜、干透的

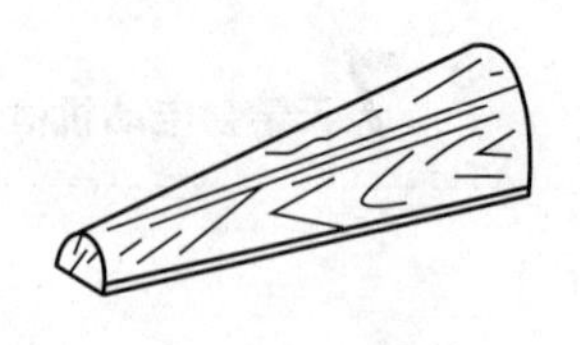

图1-3　打板

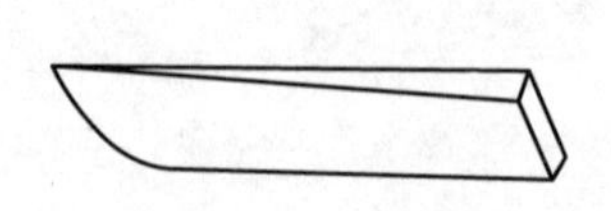

图1-4　划线板

毛竹皮或层压树脂板制作，削至上述尺寸后用砂纸打磨，擦净后，再用石蜡涂抹即可。

四、榔头

榔头是一种敲打工具。在修理电动机绕组的时候，经常用到木榔头和橡皮榔头，如图1-5所示。由于它们较铁榔头质软，因此，在整理绕组端部时，漆包线的线皮不易受到损伤。

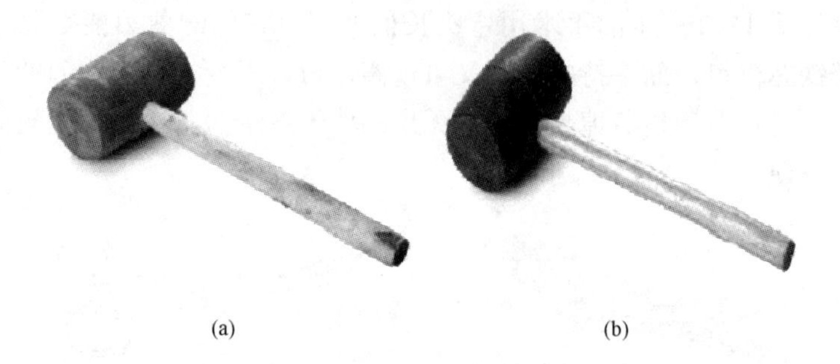

(a)　(b)

图1-5　榔头

(a) 木榔头；(b) 橡皮榔头

五、压线板

压线板是将已嵌入槽内的漆包线压实、压平的专用工具，如图1-6所示。为了使用方便，应配备几种不同规格的压线板，根据线槽宽度选择使用。

六、刮线刀

刮线刀是用来刮去导线接头上绝缘层的专用工具。它是用富有弹性的金属片弯成一个“V”字形，然后再用螺钉固定两片废旧卷铅笔刀片，如图1-7所示。

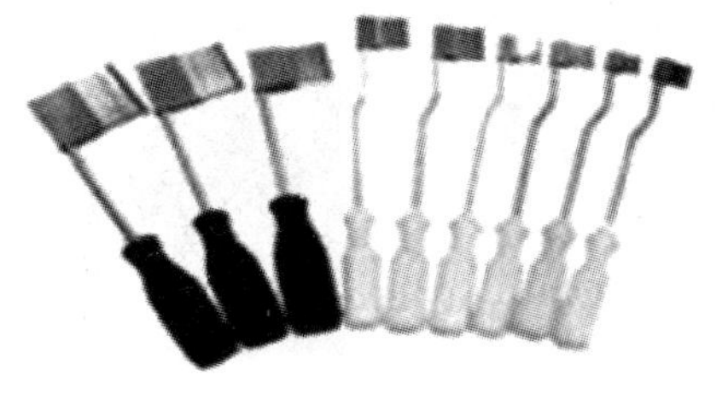

图 1-6 压线板

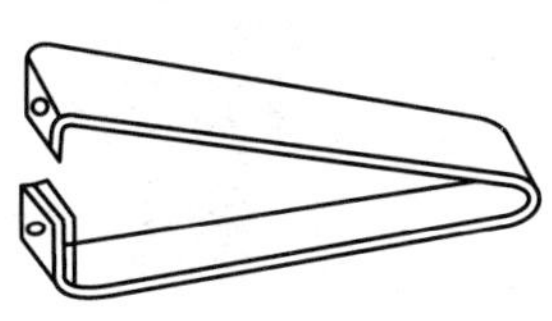

图 1-7 刮线刀

刮绝缘层时注意不要刮伤导线，刮去绝缘层后再用 0 号细砂纸将线芯上的油漆擦拭干净，直到露出铜线为止。

七、清槽铲刀

清槽铲刀是清除电机定子铁芯槽内残存绝缘物、锈斑等杂物的专用工具，如图 1-8 所示。可用断钢锯条在砂轮上磨成尖头钩状，然后用塑料带包扎尾部做成手柄。

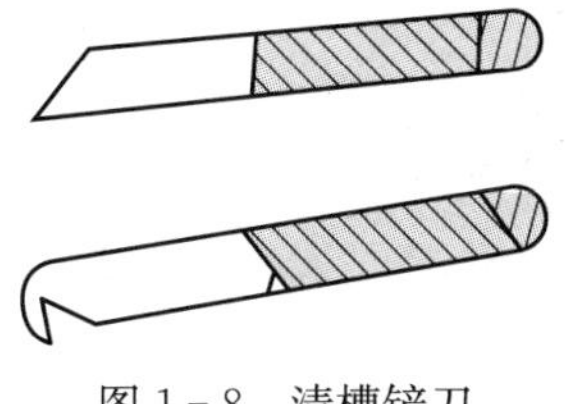

图 1-8 清槽铲刀

八、压线条

压线条又称捅条，是小型电机嵌线时必须使用的工具。压线条插入槽口时有两个作用：①利用楔形平面将槽内的部分导线压实或将槽内所有导线压紧，压实部分导线是为了方便继续嵌线，而压紧所有导线是为了便于插入槽楔，封闭槽口；②配合划线板对槽口绝缘纸进行折合、封口。

九、绕线机

绕线机是用来绕制电机线圈和计数线圈匝数的专用工具，有手摇和电动两种，如图 1-9 所示。它能自动计数，正转加法计数，反转减法计数。

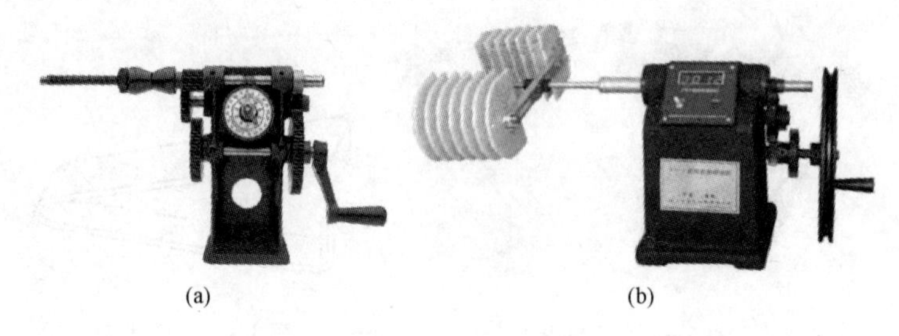

图 1-9　绕线机

(a) 手摇绕线机；(b) 电动绕线机

十、游标卡尺

游标卡尺是一种常用的中等精度的量具。电机修理时，用于测量铁芯的槽口、槽深等尺寸，其外形及结构如图 1-10 所示。

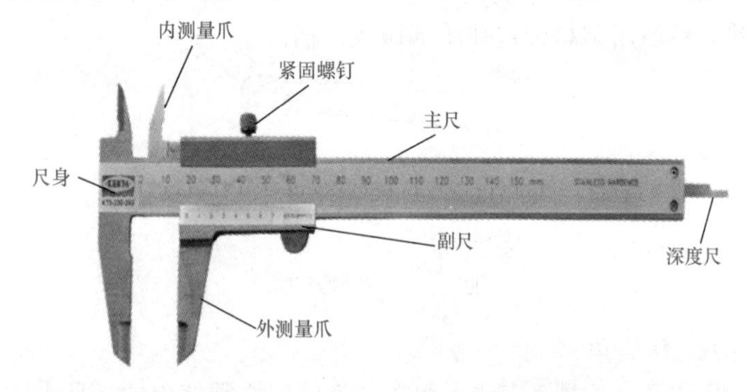

图 1-10　游标卡尺的外形及结构

游标卡尺的测量范围有 0～125mm、0～200mm、0～500mm 三种规格。

测量时用手握住主尺，四个手指抓紧，大拇指按在副尺的右下侧半圆轮上，并用大拇指轻轻移动副尺使活动量爪能卡紧被测物体，略旋紧固定螺钉，再进行读数。

整数部分在主尺上读，其值为副尺零位刻度与主尺零位刻度之间主尺上的最大整数值；小数部分在副尺上读，其值为主尺刻度和副尺刻度重合线的副尺读数值。

使用游标卡尺时应注意以下事项：

(1) 用量爪卡紧物体时，用力不能太大，否则会使测量不准确，并容易损坏卡尺。

(2) 卡尺测量不宜在工件上随意滑动，防止量爪面磨损。

(3) 卡尺使用完毕，要擦干净后，将两尺零线对齐，检查零点误差有否变化，再小心放入卡尺专用盒内，并存放在干燥的地方。

十一、螺旋测微器（外径千分尺）

螺旋测微器一般用于测量导线的线径，其外形及结构如图 1－11 所示。常用的螺旋测微器的规格为 0～25mm，其分度值为 0.001mm。

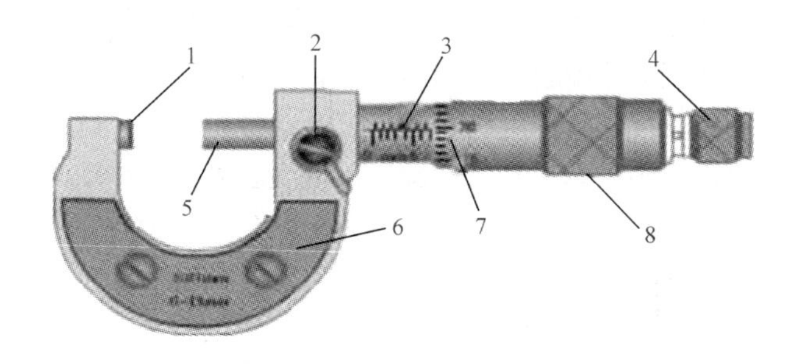

图 1－11 螺旋测微器的外形及结构

1—测砧；2—止动旋钮；3—固定刻度；4—微调旋钮；5—测微螺杆；6—尺架；7—可动刻度；8—旋钮

螺旋测微器的使用方法：

1. 测量前

(1) 把螺旋测微器的两个测量面擦干净，以免有脏物影响测量的精度。

(2) 测量导线的线径前，要用火焰烧掉导线外面的绝缘层，用软织物擦去外层灰垢，切不可用砂布或刀片去刮绝缘层，以免损伤线致使测量不准确。

(3) 先检查两测量面间的平行度是否良好，即转动微调旋钮，使两个测量面轻轻地碰触，并且没有间隙，如图 1－12 所示；再检查零位是否对准，如图 1－13 所示。

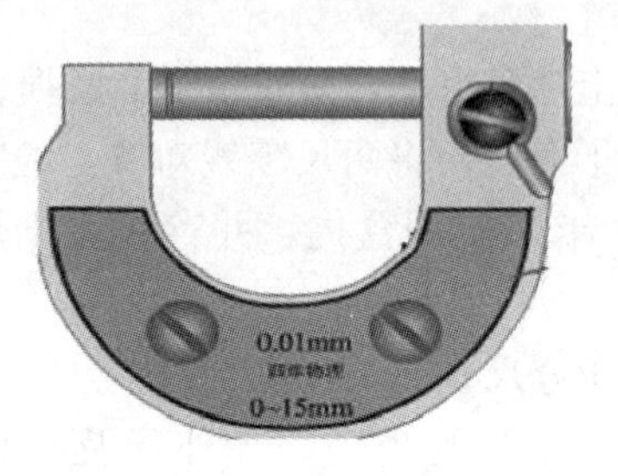

图 1－12　检查平行度

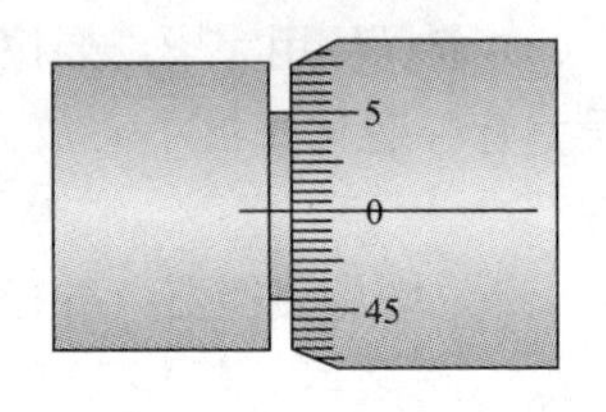

图 1－13　检查零位

2. 测量时

(1) 用左手准确地握着螺旋测微器的尺架（平端或垂直），右手的两指旋转刻度套管。当两个测量面将要接近被测量件表面时，就不要直接旋转刻度套管，而只转动微调旋钮，以得到固定的测量力，直到虽然转动微调旋钮而刻度套管不再转动时，并听到微调旋钮发出“咔咔”声，即可读出测量值，读数方法参照游标卡尺，如图 1－14 所示。

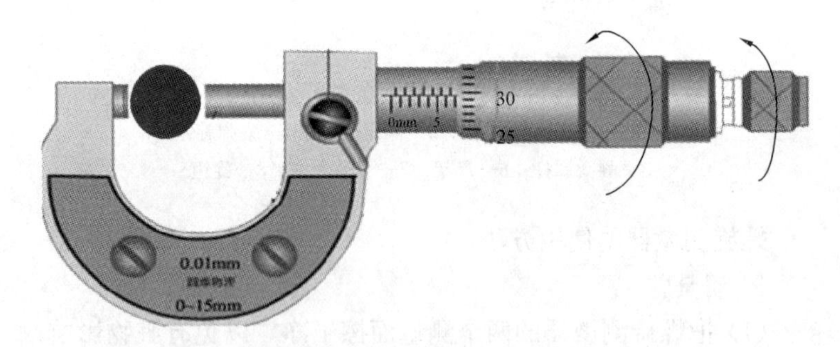

图 1－14　螺旋测微器的使用

(2) 在读取测量数值时，注意别读错数值，即在固定套管上多读或少读半格（0.5mm），如图 1－15 所示。

(3) 为避免测量一次所得结果的误差，可在第一次测量后松开微调旋钮，再重复测量几次，取平均值即可。

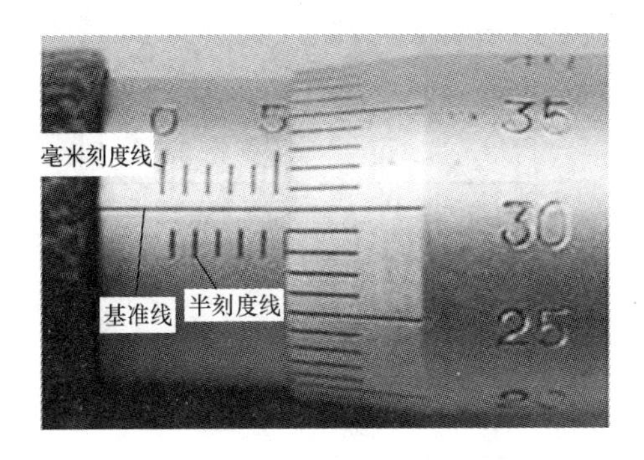

图 1-15 螺旋测微器的刻度

【技能训练 1】游标卡尺的读法

(1) 先判断精度，如图 1-16 所示，精度为 0.1mm。

游标卡尺有 50 分度、20 分度、10 分度，其精度分别为 0.02、0.05、0.1mm。

(2) 读出主尺上的读数，即从副尺的零刻度线对准的主尺位置，读出主尺毫米刻度值（取整毫米为整数 X），如图 1-16 所示 X=30mm。

(3) 读出副尺上的读数，即找出副尺的第几（n）刻线和主尺上某一刻线对齐，则副尺读数为 n×精度（精度由副尺的分度决定），如图 1-16 所示 n=7。

(4) 总测量长度为 $L=X+n\times$精度，如图 1-16 所示 $L=$30mm+7×0.1mm=30.7mm。

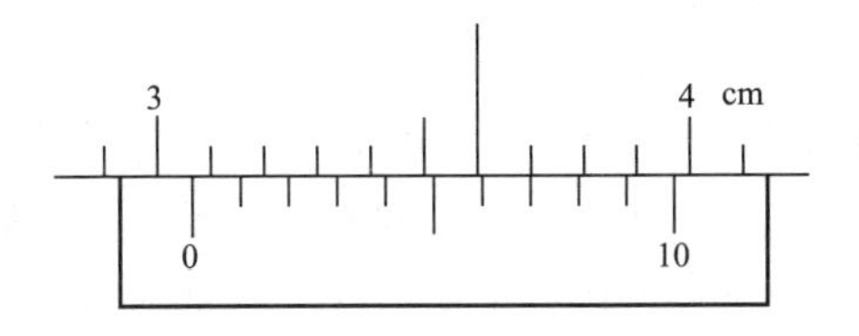

图 1-16 游标卡尺的读法

(5) 练习读出图 1-17、图 1-18 中的读数。

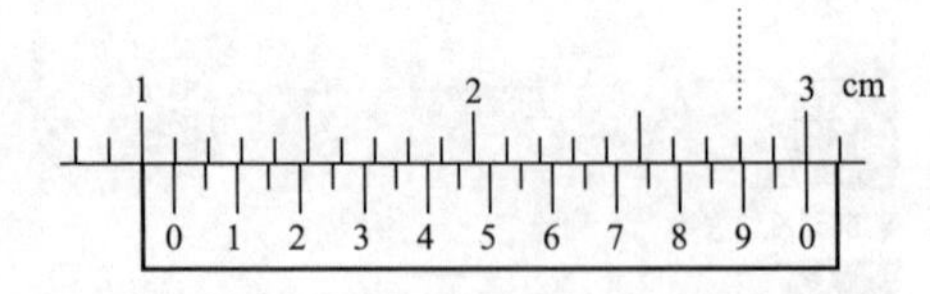

图 1－17　L＝10mm＋18×0.05mm＝10.9mm

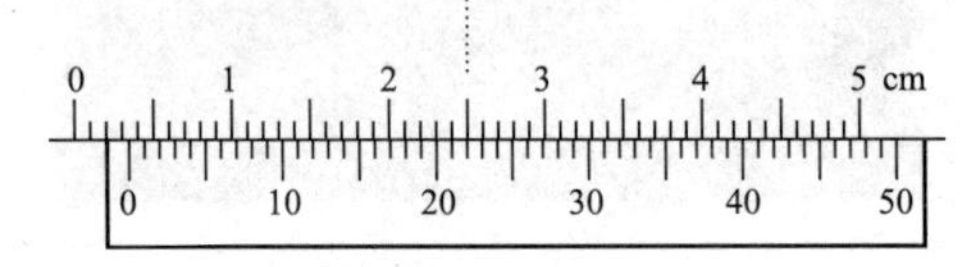

图 1－18　L＝3mm＋22×0.02mm＝3.44mm

【技能训练 2】螺旋测微器的读法

（1）先读固定刻度，如图 1－19 所示，固定刻度为 4mm。

（2）再读半刻度，若半刻度线已露出，记作 0.5mm，图 1－19 所示中半刻度为 0.5mm；若半刻度线未露出，记作 0.0mm，如图 1－20 所示。

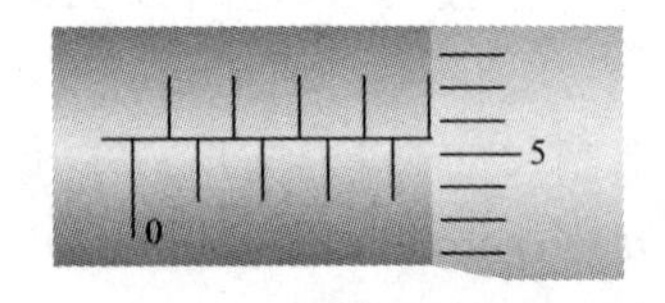

图 1－19　半刻度线已露出示意图

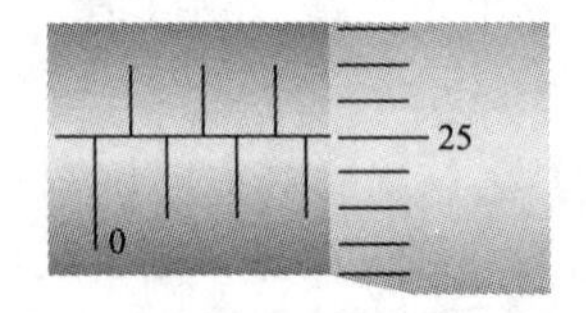

图 1－20　半刻度线未露出示意图

（3）再读可动刻度（注意估读），记作 n×0.01mm，图 1－20 所示中可动刻度为 25.0×0.01mm＝0.250mm。

注意

1）可动刻度 50 等分主尺上的 0.5mm，每等分为 0.01mm。

2）读数的最后一位数字 0，表示精确度，不能省略。

由于螺旋测微器的读数结果精确到以毫米为单位千分位，故螺旋测微器又叫千分尺。

（4）最终读数结果为固定刻度＋半刻度＋可动刻度，如图 1－21 所示。

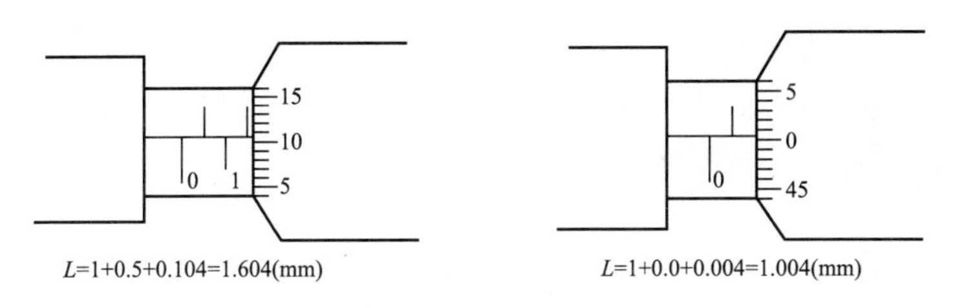

图 1-21 螺旋测微器的读法

【必备知识 2】常用电工仪表的使用

电工仪表面板上的符号表示该仪表的使用条件，有关电气参数的范围、结构和精确度等级等，为该仪表的选择和使用提供了重要依据，见表 1-1。

表 1-1 电工仪表面板上的符号及含义

符号	含义	符号	含义
(A)	电流表	(kW·h)	电能表
(mA)	毫安表	(Ω)	电阻表
(V)	电压表	(MΩ)	绝缘电阻表
(mV)	毫伏表	∠60°	仪表倾斜放置
～	交流电	＋	正端钮
—	直流电	—	负端钮
≃	交直流电	*	公共端钮（多量程仪表或复用表用）
3～或≡	三相交流电	⏚	接地端钮
[磁电式仪表符号]	磁电式仪表	⊥	与外壳相连的端钮
[磁电式比率表符号]	磁电式比率表	1.5	以标度尺量程百分数表示的精确度等级，如 1.5 级
[电磁式仪表符号]	电磁式仪表	1.5 ∨	以标度尺长度百分数表示的精确度等级，如 1.5 级
[电磁式比率表符号]	电磁式比率表	(1.5)	以指示值的百分数表示的精确度等级，如 1.5 级
⊥或↑	仪表垂直放置	⊓或↑	仪表水平放置

一、电流表

电流表是指用来测量交、直流电路中电流的仪表，由交流电流表和直流电流表两种。

1. 电流的单位及符号

电流的单位有安培（A）、毫安（mA）、微安（μA），它们之间的换算关系为：1 安培(A)＝1000 毫安(mA)，1 毫安(mA)＝1000 微安(μA)。

2. 电流表的使用

交流电流表在小电流中可以直接使用（一般在 5A 以下），所以大多与电流互感器一起使用。选择电流表前要算出设备的额定工作电流，再选择合适的电流互感器，在选择电流表。

以直流电流表为例介绍其用法：如图 1－22 所示，直流电流表一般有两个量程：0～0.6A、0～3A，三个接线柱：—、0.6、3。

图 1－22　直流电流表

（1）测量前应检查指针是否对准零刻度线，如果有偏差，要调节表盘上的调零旋钮。

（2）测量时先选择电流表的量程，所测量的电流不能超过电流表的量程。

如果不能估计被测电流的大小，可以先将一个旋钮接好，然后将另一接头快速碰触最大量程的接线柱，观察并选择挡位。

(3) 将电流表串联在电路中进行测量，并且电流从“+”接线柱流入，从“-”接线柱流出。

(4) 根据选择的量程和对应的分度值，从图 1-22 中可读出被测电流为 1.6A。

3. 注意事项

(1) 严禁将电流表接在被测电路两端。

(2) 电流表的内部电阻很小，相当于导线，绝对不允许将电流表直接接在电源两极上，会造成电源短路。

二、电压表

电压表是测量交、直流电压的仪表，常用的直流电压表如图 1-23 所示。

图 1-23　直流电压表

1. 电压的单位及符号

电压的单位有伏特（V）、毫伏（mV），它们之间的换算关系为：1 伏特(V)=1000 毫伏(mV)。

2. 电压表的使用

(1) 测量前应检查指针是否对准零刻度线，如果有偏差，要调节表盘上的调零旋钮。

(2) 选择合适的量程，注意所测电压不能超出电压表的量程。

如果不能估计被测电压，可以采用碰触法（如电流表的使用）。

(3) 将电压表并接于被测电路的两端进行测量，且使电流从电压表“+”接线柱流入，从“-”接线柱流出。

(4) 读数。

3. 注意事项

电压表应并联于电路中使用。

三、绝缘电阻表

在电力系统中由于设备的绝缘材料常因发热、受潮、污染和老化等原因使其电阻值降低，泄漏电流增大，甚至绝缘损坏，从而造成漏电和短路等事故，危及电气设备的正常运行和操作人员的人身安全，因此，必须对设备的绝缘电阻进行定期检查。一般来说，绝缘电阻越大，绝缘性能越好。

绝缘电阻表又称兆欧表，俗称摇表，是测量绝缘体电阻的专用仪表，它的计量单位是兆欧（MΩ），其外形如图 1 - 24 所示。

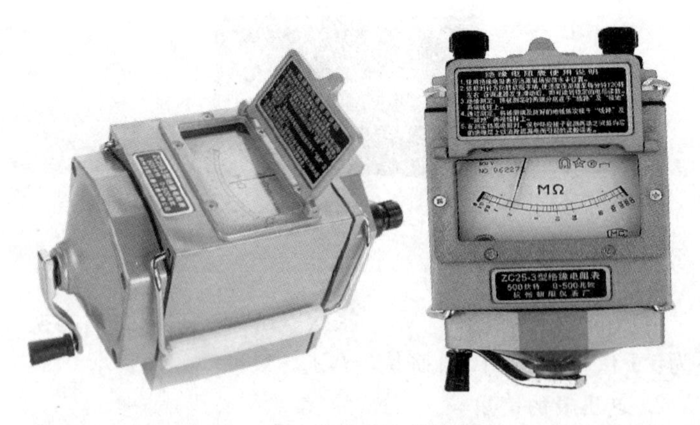

图 1 - 24　绝缘电阻表的外形

1. 绝缘电阻表的结构

(1) 绝缘电阻表的外部结构。如图 1-25 所示，它由一个手摇发电机、表头和三个接线柱（即 L：线路端、E：接地端、G：屏蔽端）组成，“G”（即屏蔽端）也叫保护环。

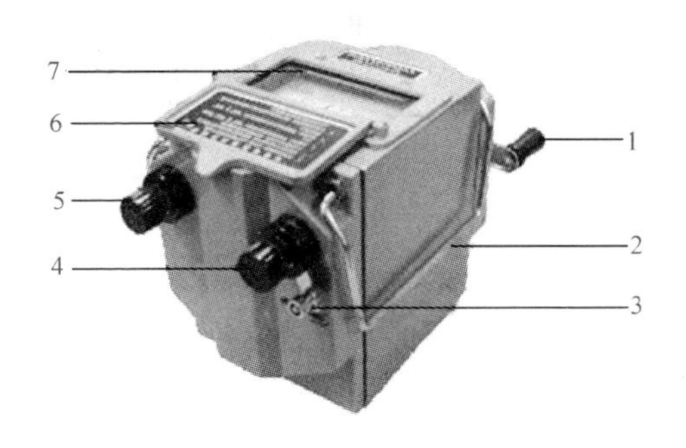

图 1-25 绝缘电阻表的外部结构

1—摇柄；2—提手；3—屏蔽端钮；4—线路端钮；5—接地端钮；6—表盘盖；7—表盘

(2) 绝缘电阻表的内部结构。主要由手摇直流发电机、磁电式比率表和测量线路组成，手摇直流发电机能产生 500、1000、2500、5000V 的直流高压，与被测设备的工作电压相对应。磁电式比率表是测量机构，是用电磁力代替游丝产生反作用力矩的仪表，可动线圈 1 与 2 互成一定角度，线圈 1 用于产生转动力矩，线圈 2 用于产生反作用力力矩，放置在一个带缺口的圆柱形铁芯 4 的外面，并与指针固定在同一转轴上，极掌 5 为不对称形状，以使空气隙不均匀，如图 1-26 所示。

2. 绝缘电阻表的选择

选用绝缘电阻表，主要是选择它的额定电压和测量范围。

(1) 额定电压的选择。

绝缘电阻表的额定电压即手摇发电机的开路电压，应根据被测电气设备的额定电压来选择，见表 1-2。

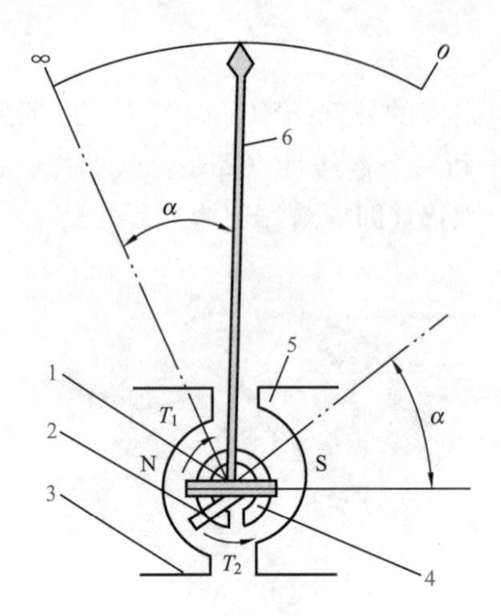

图 1-26　绝缘电阻表的内部结构

1、2—可动线圈；3—永久磁铁；4—带缺口的圆柱形铁芯；5—极掌；6—指针

表 1-2　　不同额定电压的绝缘电阻表使用范围

测量对象	被测绝缘的额定电压（V）	绝缘电阻表的额定电压（V）
线圈绝缘电阻	500 以下	500
	500 以上	1000
电力变压器、电机绕组、绝缘电阻	500 以上	1000～2500
发电机绕组绝缘电阻	380 以下	1000
电气设备	500 以下	500～1000
	500 以上	2500
绝缘子	—	2500～5000

1）测量 500V 以下的设备，选用 500V 或 1000V 的绝缘电阻表。

2）额定电压在 500V 以上的设备，应选用 1000V 或 2500V 的绝缘电阻表。

3）对于绝缘子、母线等要选用 2500V 或 5000V 的绝缘电阻表。

选用绝缘电阻表的电压过低，测量结果不能正确反映被测设备在工作电压下的绝缘电阻；选用电压过高，容易在测量时损坏设备的绝缘。

(2) 测量范围的选择。

选择绝缘电阻表的原则是不使测量范围过多地超出被测绝缘电阻的数值，以免因刻度较粗而产生较大的读数误差。

有些绝缘电阻表的起始刻度不是零，而是 1MΩ 或 2MΩ，这种绝缘电阻表不宜测量处于潮湿环境中的低压电气设备的绝缘电阻，因为在这种环境中的设备绝缘电阻较小，有可能小于 1MΩ，在仪表上读不到读数，容易误认为绝缘电阻为 1MΩ 或为零值。

绝缘电阻表的表盘刻度线上有两个小黑点，小黑点之间的区域为准确测量区域，所以在选表时应使被测设备的绝缘电阻值在准确测量区域内。

3. 绝缘电阻表的使用

(1) 使用前检查。将绝缘电阻表水平放置，检查指针偏转情况：

1) 将 E、L 两端开路，以约 120r/min 的转速摇动手柄，观测指针是否逆时针方向指到“∞”处，如图 1－27 所示。

2) 将 E、L 两端短接，缓慢摇动手柄，观测指针是否顺时针方向指到“0”处，经检查完好才能使用，如图 1－28 所示。

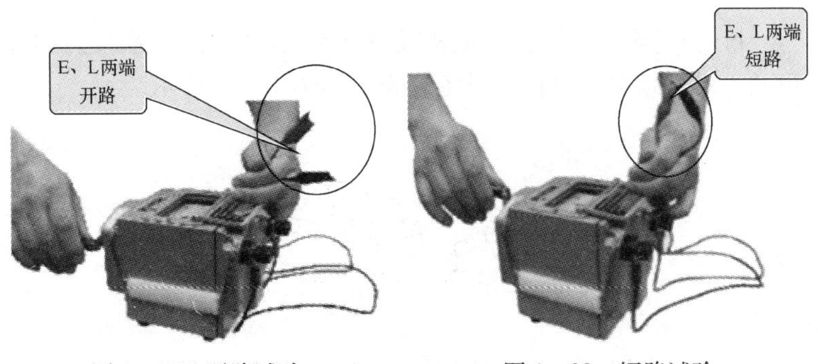

图 1－27 开路试验　　图 1－28 短路试验

注意 该仪表结构中没有产生反作用力距的游丝，在使用之前，指针可以停留在刻度盘的任意位置。

（2）绝缘电阻表的使用方法。

1）绝缘电阻表放置平稳牢固，被测物表面擦干净，以保证测量正确。

2）正确接线。绝缘电阻表有三个接线柱：线路端（L）、接地端（E）、屏蔽端（G），根据不同测量对象进行相应接线。在进行一般测量时，把被测绝缘物接在L、E之间即可。但测量表面不干净或潮湿的对象时，为了准确地测出绝缘材料内部的绝缘电阻，就必须使用G端。G端的作用是为了消除表壳表面L、E两端间的漏电和被测绝缘物表面漏电的影响。

a. 用绝缘电阻表测量线路对地绝缘电阻时，L端接于被测线路上，E端接地，如图1-29所示。

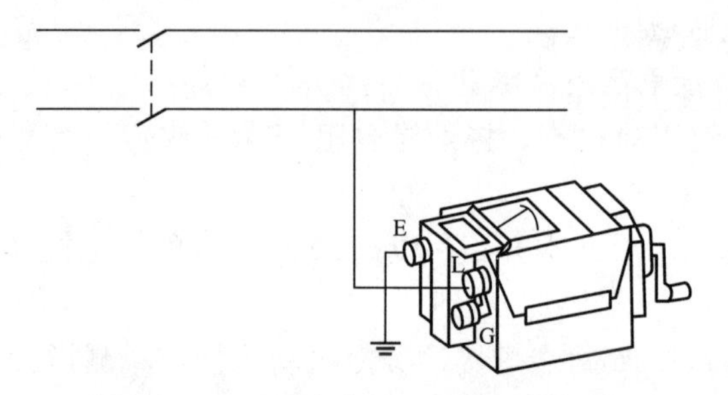

图1-29 测量线路对地绝缘电阻示意图

b. 用绝缘电阻表测量电机或设备绝缘电阻时，L端接被测绕组的一端，E端接电机或设备外壳，如图1-30所示。

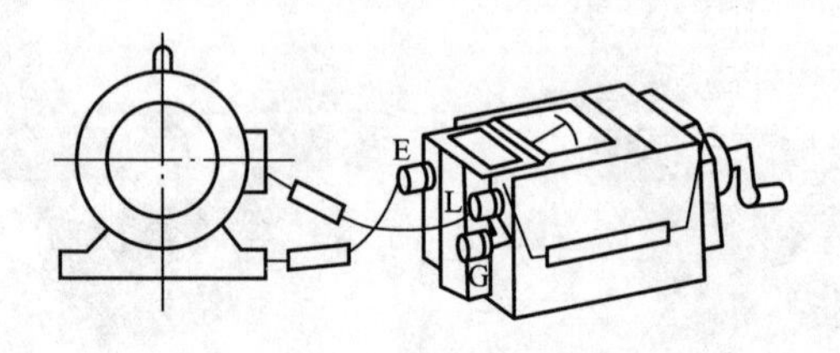

图1-30 测量电机或设备绝缘电阻示意图

c. 用绝缘电阻表测量电机或变压器绕组间绝缘电阻时，先拆除绕组间的连接线，将 E、L 端分别接于被测的两相绕组上；测量电缆绝缘电阻时，E 端接电缆外表皮（铅套），L 端接线芯，G 端接芯线最外层绝缘层，如图 1-31 所示。

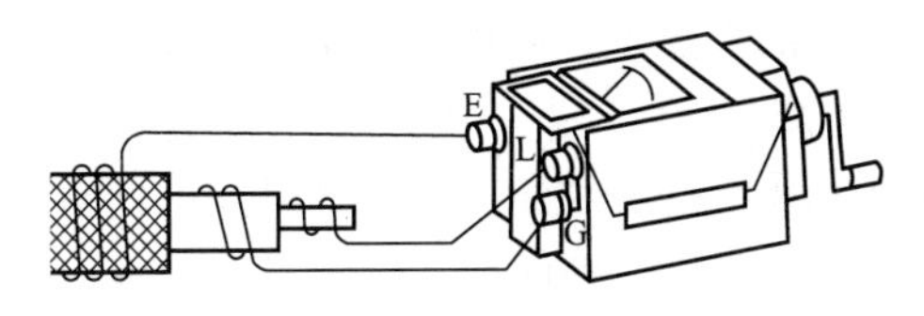

图 1-31 测量电缆绝缘电阻示意图

3）按顺时针方向由慢到快摇动手柄，直到转速达 120r/min 左右，保持手柄的转速均匀、稳定，一般转动 1min，待指针稳定后进行读数。

4）测量完毕，待绝缘电阻表停止转动和被测物接地放电后方能拆除连接导线。放电的方法是将测量时使用 E 地线从绝缘电阻表上取下来与被测设备短接一下即可（不是绝缘电阻表放电）。

4. 绝缘电阻表的使用注意事项

（1）严禁在设备带电的情况下测量其绝缘电阻。被测设备必须与电源切断后才能进行测量。对具有大电容的设备，如输电线路、高压电容器等，还需要进行放电。用绝缘电阻表测量过的设备，也可能带有残余电压，也要先接地放电。

（2）被测物表面要清洁，减少接触电阻，确保测量结果的正确性。

（3）绝缘电阻表使用时应放在平稳、牢固的地方，且远离大的外电流导体和外磁场。禁止在雷电时或高压设备附近测绝缘电阻。

（4）与被测设备的连接导线应用绝缘电阻表专用测量线或选用绝缘强度高的两根单芯多股软线，两根导线切忌绞在一起，以免影响测量准确度。

（5）测量过程中，若发现指针指零，说明被测绝缘物可能发生了短路，这时不能继续摇动手柄，应立即停止转动手柄，以防表内线圈发热损坏。

（6）摇测过程中，被测设备上不能有人工作。

（7）测量过程中或被测设备未放电之前不得触及设备的测量部分，以防触电。拆线时，也不要触及引线的金属部分。

（8）测量结束时，对于大电容设备要充分放电。

四、钳形电流表

钳形电流表称为钳表或卡表，它可以在不切断电路的条件下测量电路中的电流，是一种便携式仪表，在电气检修和测试中应用广泛。

1. 分类

如图 1 - 32 所示，钳形电流表从测量结果的显示形式可以分为指针式和数字式两种，其外形如图 1 - 33 所示。

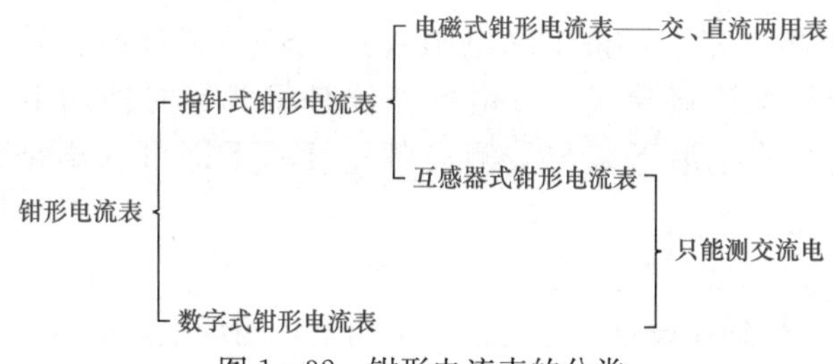

图 1 - 32　钳形电流表的分类

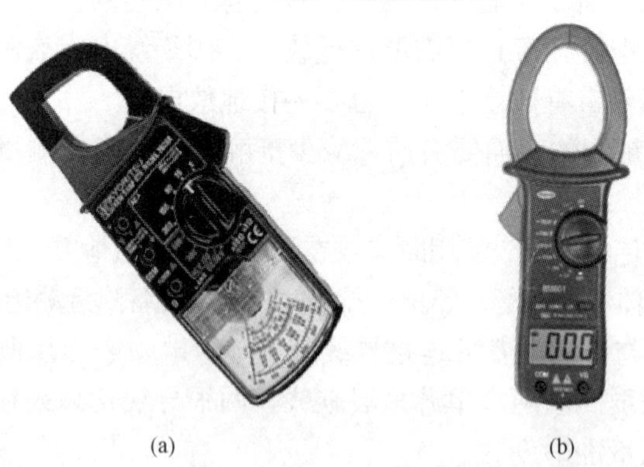

(a)　(b)

图 1 - 33　钳形电流表的外形

(a) 指针式钳形电流表；(b) 数字式钳形电流表

2. 结构

以指针式钳形电流表为例，其外部结构如图 1 - 34 所示，内部结构主要由电磁式电流表和穿心式电流互感器组成。穿心式电流互感器制成活动开口，且成钳形。

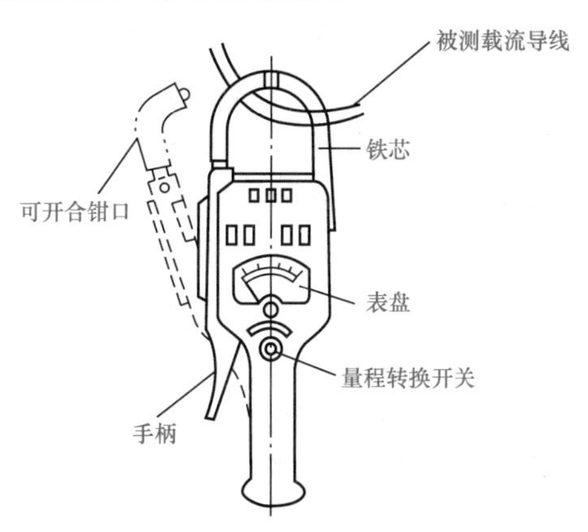

图 1 - 34　指针式钳形电流表的外部结构

3. 使用方法

(1) 使用前的检查。

1) 外观检查。各部位应完好无损；钳把操作应灵活；钳口铁芯应无锈、闭合应严密；铁芯绝缘护套应完好；指针应能自由摆动；挡位变换应灵活，手感应明显。

2) 调整。将表平放，指针应指在零位，否则调至零位。

(2) 测量。

1) 使用钳形电流表测量交流电流时，先将转换开关置于比预测电流略大的量程上。若不知被测电流范围时，可先置于电流最高挡试测，根据试测情况决定是否需要降挡测量，总之，应使表针的偏转角度尽可能地大。

2) 然后手握胶木手柄扳动铁芯开关将钳口张开，将被测的导线放入钳口中，并松开开关使铁芯闭合，被测导线应位于钳口内空间部位的中央。

3) 从表盘中读出被测导线中的电流值。

4. 注意事项

(1) 使用前，应检查钳形电流表的外观是否完好，绝缘有无破损，钳口铁芯的表面有无污垢和锈蚀。

(2) 为使读数准确，清洁钳口铁芯两表面使其紧密结合。

(3) 在测量小电流时，可将被测导线在钳口上绕几圈以增大参数，此时实际测量值应为仪表读数除以所绕的匝数。

(4) 钳形电流表一般用于测量低压电流。在测量时，应戴上绝缘手套，身体各部位应与带电体保持不小于 0.1m 的安全距离。为防止造成短路事故，一般不得用于测量裸导线。

(5) 在测量中不准带电流转换量程挡位。

五、双踪示波器

示波器是一种用途十分广泛的电子测量仪器，它能把肉眼看不见的电信号变换成看得见的图像，以便于人们研究各种电现象的变化过程。利用示波器可以观察各种不同信号幅度随时间变化的波形曲线，还可以用它测试各种不同的电量，如电压、电流、频率、相位差、调幅度等。

示波器可以分为模拟示波器和数字示波器，根据其通道数分为单踪示波器和双踪示波器。下面以 GOS620 为例介绍双踪示波器的使用。

1. 双踪示波器的面板结构

双踪示波器的面板结构如图 1-35 所示。

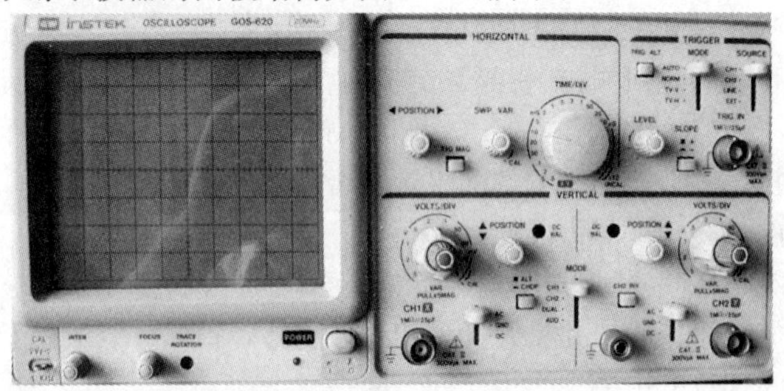

图 1-35　双踪示波器的面板结构

(1) 显示部分。

1) POWER 电源开关：仪器的总电源开关，将电源开关按键弹出即为“关”位置，按下该键，接通电源。

2) 电源指示灯：电源接通时，指示灯亮。

3) VAL 校准信号输出端子：提供 (1±2%) kHz、(2±2%) V_{P-P}方波作本机 X 轴和 Y 轴校准用。

4) INTEN 辉度旋钮：用以调节示波器屏幕上单位面积的平均亮度，顺时针转动辉度变亮，反之则辉度减弱直至消失。

5) FOCUS 聚焦旋钮：可以使屏幕显示的光点变为清晰的小圆点，使显示的波形清晰。

6) TRACE ROTATION：使水平轨迹与刻度线成平行的调整钮。

7) CRT 显示屏：信号的测量显示屏幕。

(2) VERTICAL 垂直偏向。

1) VOLTS/DIV 垂直衰减旋钮：选择 CH1 及 CH2 的输入信号衰减幅度，范围为 5mV/DIV～5V/DIV，共 10 挡。

2) 垂直微调旋钮：垂直微调用于连续改变电压偏转系数。此旋钮在正常情况下应位于顺时针方向旋到底的位置（校准）。

3) POSITION 垂直位移旋钮：调解光迹在屏幕中的垂直位置。

4) AC－GND－DC：输入信号耦合选择旋钮。

a. 交流（AC）：放大器输入端与信号连接由电容来耦合。

b. 直流（DC）：放大器输入端与信号输入端直接耦合。

c. 接地（GND）：输入信号与放大器断开，放大器输入端接地。

5) MODE：CH1 及 CH2 选择垂直操作模式开关。

a. CH1：以 CH1 单一方式工作。

b. CH2：以 CH2 单一方式工作。

c. DUAL：以 CH1 及 CH2 双频道方式工作，此时并可切换 ALT/CHOP 模式来显示两轨迹。

d. ADD：CH1及CH2的相加信号，当CH2 INV键为压下状态时，即可显示CH1及CH2的相减信号。

6）CH1、CH2：以交替方式显示或断续显示。

a. ALT：两个通道交替显示。

b. CHOP：两个通道断续显示。

7）CH1、CH2的垂直输入端：在X-Y模式下，为X轴的信号输入端。

（3）水平。

1）TIME/DIV：水平扫描速度旋钮。

2）扫描微调旋钮：顺时针方向旋转到底时，处于校准位置。

3）POSITIO水平位移旋钮：用于调节光迹在水平方向移动。

4）×10 MAG扩展控制键：按下此键，扫描因数×10扩展。扫描时间是TIME/DIV开关指示数值的1/10。

5）SWP. VAR：扫描时间的可变控制旋钮。

（4）TRIGGER触发。

1）触发电平旋钮：用于调节被测信号在某选定电平触发，当旋钮转向“+”时，显示波形的触发电平上升，反之触发电平下降。

2）TRIGGER MODE：触发模式选择开关。

a. AUTO自动：在该方式下，扫描电路自动进行扫描。在没有信号输入或输入信号没有被触发同步时，屏幕上仍然可以显示扫描基线。

b. NORM常态：有触发信号才能扫描，否则屏幕上无扫描线显示。当输入信号频率低于50Hz时，选择“常态”触发方式。

c. TV电视场：TV-V用于观测电视信号之垂直画面信号；TV-H用于观测电视信号之水平画面信号。

3）SOURCE触发源选择开关：用于选择CH1、CH2或外部触发。

a. CH1：当MODE选择开关在DUAL或ADD位置时，以

CH1 输入端的信号作为内部触发源。

b. CH2：当 MODE 选择开关在 DUAL 或 ADD 位置时，以 CH2 输入端的信号作为内部触发源。

c. LINE：将 AC 电源线频率作为触发信号。

d. EXT：将 TRIG. IN 端子输入的信号作为外部触发信号源。

4）SLOPE 触发极性选择开关：选择上升或下降沿触发扫描。

a. “＋”：凸起时为上升沿触发。

b. “－”：压下时为下降沿触发。

5）TRIG. ALT 触发源交替设定键：当 VMODE 在 DUAL 或 ADD 位置，且 SOURCE 置于 CH1 或 CH2 位置时，按下此键，本仪器即会自动设定 CH1 与 CH2 的输入信号轮流作为内部触发信号源。

6）CH2 INV：此键按下时 CH2 的信号将会被反向。

（5）探头。示波器常用探头检测被观察信号，如图 1－36 所示。

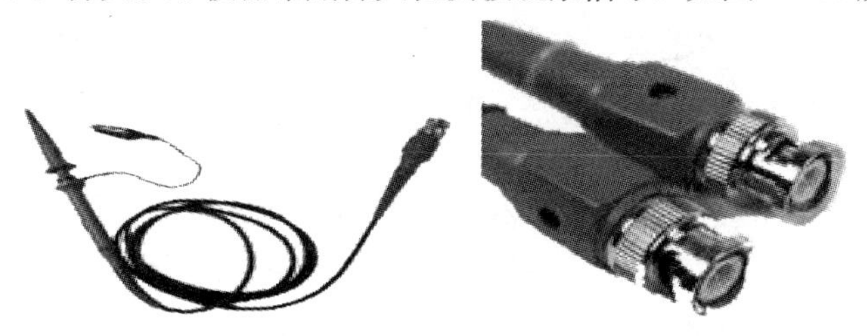

图 1－36 探头

探头里有一可调的小电容 C（5～10pF）和大电阻 R 并联。调整补偿电容 C 可以得到最佳补偿，即满足 $C_iR_i=RC$，使达到如图 1－37（a）所示的正常补偿情况。

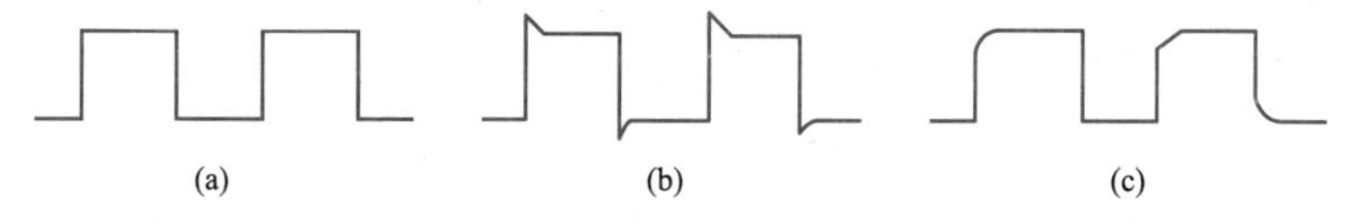

图 1－37 调整补偿电容时的波形

（a）正常补偿；（b）过补偿；（c）欠补偿

2. 双踪示波器使用前的检查

(1) 检查面板上各旋钮、开关有无损坏，转动是否正常，熔丝是否完整。

(2) 将电源插头接至“220V，50Hz”电源，打开电源开关，指示灯亮。

(3) 将各旋钮置于适当的位置，见表1-3。

表1-3　　旋 钮 位 置

旋钮名称	作用位置	旋钮名称	作用位置
亮度（INTENSITV）	居中	输入耦合	DC
聚焦（FOCUS）	居中	扫描方式（SWEEP MODE）	自动
位移（两只）（POSITION）	居中	触发极性（SLOPE）	＋
垂直方式（MODE）	CH1	扫描速率（SEC/DIV）	0.5ms
电压衰减（VOLTS/DIV）	0.1V [X]	触发源（TRIGGER SOURCE）	CH1
微调（VIRIABLE）	顺时针旋足	触发耦合方式（COUPLING）	AC 常态

(4) 调节“垂直、水平位移”使光迹移至荧光屏中央，调节“辉度”至所需亮度，调节“聚焦”使扫迹纤细清晰。

3. 校准信号自检

使用CH1通道对示波器本身提供的校准信号自检。示波器显示屏上显示 $(1\pm2\%)$kHz、$(2\pm2\%)V_{P\text{-}P}$的方波。

4. 双踪示波器测量电压

(1) 观察交流信号。如图1-38所示，X轴方向代表时间轴，Y轴方向代表电信号幅度值。随着时间的延伸，正弦交流电压从0开始增大，至最大值后又逐渐下降至0，然后又由0开始向负方向增大，至负的最大值又逐步减小至0，整个过程按正弦规律变化。

图1-38所示正弦电压信号可以用一个正弦式来表示：$u=U_m\sin(\omega t+\varphi)$。

(2) 测量交流电。如图1-39所示，$U_m=n\text{V/div}\times A\text{div}$，其中$n$为$Y$轴灵敏度，VOLTS/DIV垂直衰减旋钮对应的数值；

A 为正弦信号幅值位置对应的分格数。

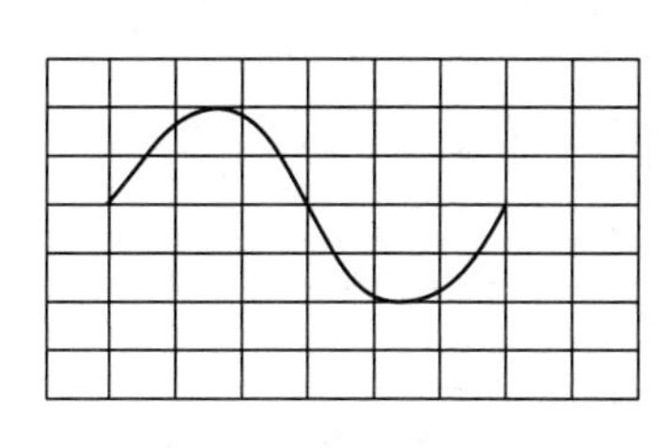

图 1-38　正弦交流信号波形

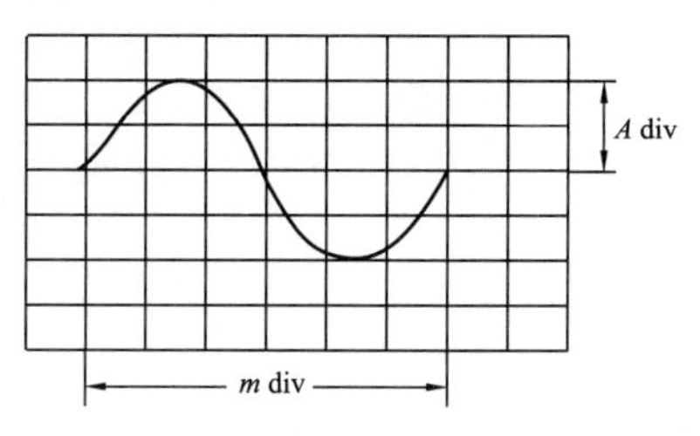

图 1-39　正弦波形

5. 双踪示波器测量周期、频率

如图 1-39 所示，$T=t/\text{div}\times m\text{div}$，其中 T 为 X 轴的灵敏度（每小格代表的扫描时间），TIME/DIV 水平扫描速度旋钮对应的数值；m 为一个正弦波对应的 X 轴分格数。频率 $f=1/T$。

6. 双踪示波器测量相位

双踪示波器可以测量两个同频率交流信号的相位差，在 Y、Y 两个端子同时输入两个同频率的正弦交流信号，测量二者的相位差：$\Delta\varphi=\varphi_1-\varphi_2=\dfrac{360^\circ}{m\text{div}}\times B\text{div}$。$m$、$B$ 含义如图 1-40 所示。

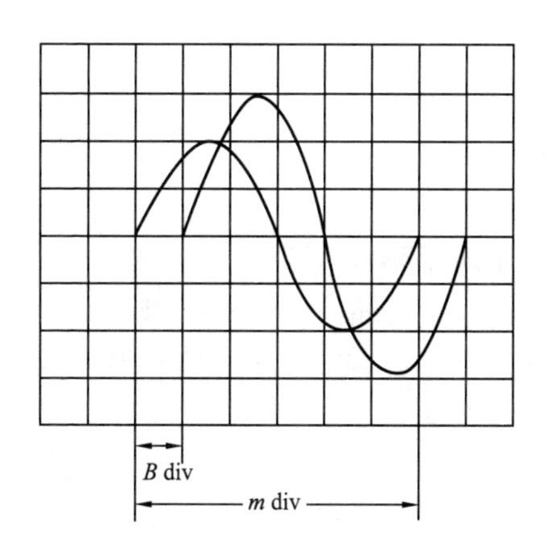

图 1-40　同频率正弦信号

【技能训练3】双踪示波器的使用

一、用双踪示波器观察信号波形

(1) 按图1-41所示原理框图连接电路。

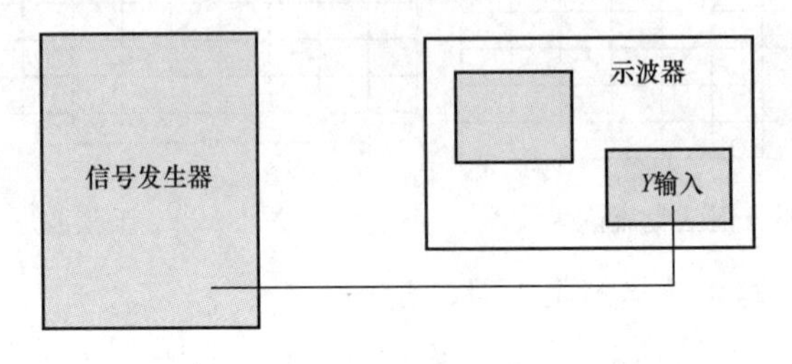

图1-41　原理框图

(2) 让信号发生器输出一个正弦波信号，调节信号发生器的输出频率使示波器显示屏出现一个稳定的、完整的正弦波形，如图1-42所示。

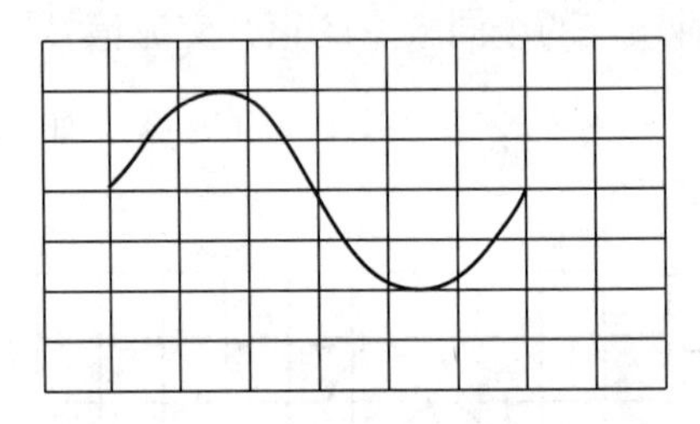

图1-42　正弦交流信号波形

二、用双踪示波器测量电压

(1) 将待测电压接入输入端点（INPUT）。

(2) 适当地调整垂直衰减旋钮（VOLTS/DIV），如图1-43所示，让波形皆在屏幕内且最容易观测之大小。

(3) 将垂直输入信号选择开关（AC/DC/GND）置于AC位置。

(4) 计算波形高度在屏幕所占的格数，并观察水平扫描速度旋钮（TIME/DIV）所在位置之数值，如图1-44所示。

(5) 计算被测电压的数值。

图 1－43 垂直衰减旋钮（VOLTS/DIV）

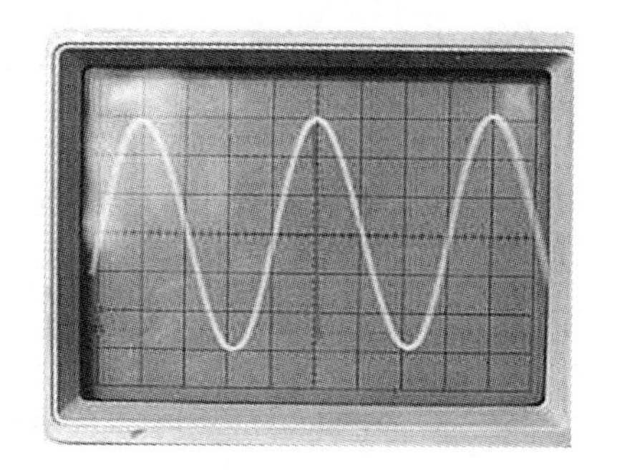

图 1－44 波形

三、用双踪示波器测量周期、频率

（1）将待测电压接入输入端点（INPUT）。

（2）适当地调整水平扫描速度旋钮（TIME/DIV），如图 1－45 所示，使整个波形在屏幕上出现 1～2 周，如图 1－46 所示。

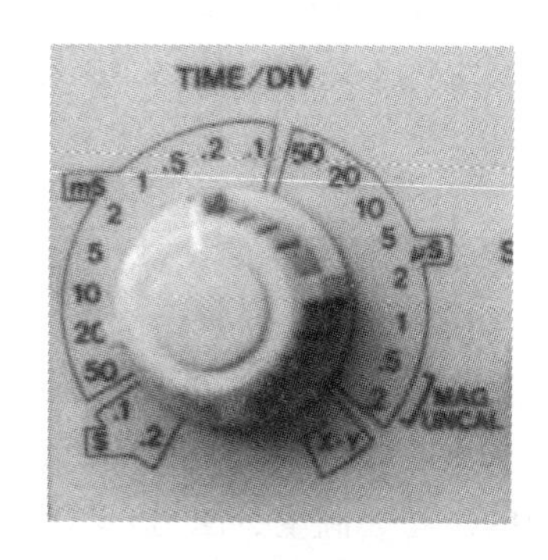

图 1－45 水平扫描速度旋钮（TIME/DIV）

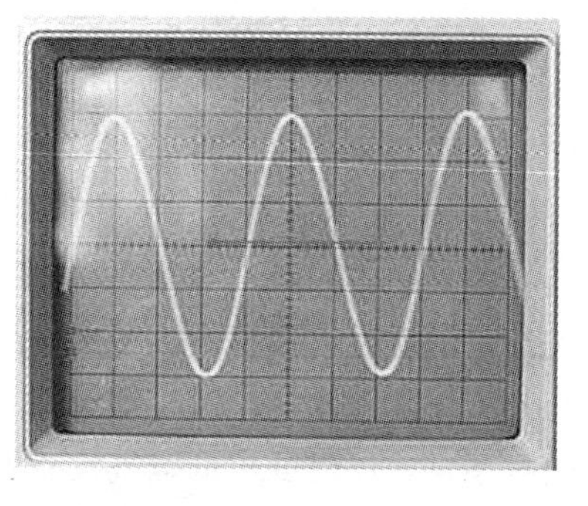

图 1－46 波形

（3）查看水平扫描速度旋钮（TIME/DIV）的位置为每格多少秒。

（4）计算波形在屏幕出现一周之水平距离为多少格。

（5）计算出被测信号的周期及频率。

【必备知识3】电气设备故障检查方法

一、直观法

直观法是根据电气设备故障的外部表现，通过摸、看、闻、听等手段，检查、判断故障的方法。

1. 检查步骤

(1) 调查情况。向操作者和故障在场人员询问情况，包括故障外部表现、大致部位、发生故障时环境情况。如有无异常气体，明火、热源是否靠近电气设备，有无腐蚀性气体侵入，有无漏水，是否有人修理过，修理的内容等。

(2) 初步检查。根据调查的情况，查看有关电气设备外部有无损坏，连线有无断路、松动，绝缘有无烧焦，熔断器的熔断指示器是否跳出，设备有无进水、油垢，开关位置是否正确等。

(3) 通电试车。通过初步检查，确认有会使故障进一步扩大和造成人身、设备事故可能后，可进一步试车检查，试车中要注意有无严重跳火、异常气味、异常声音等现象，一经发现应立即停车，切断电源。

2. 检查方法

电气设备的触点在闭合、分断电路或导线线头松动时会产生火花，因此可以根据火花的有无、大小等现象来检查电器故障。例如，正常紧固的导线与螺钉间发现有火花时，说明线头松动或接触不良。还可以根据电气设备发出的声音、温度、压力、气味等分析判断故障。运用直观法，不但可以确定简单的故障，还可以把较复杂的故障缩小到较小的范围。

二、测量电压法

测量电压法是根据电气设备的供电方式，测量各点的电压值并与正常值比较。具体可分为分阶测量法、分段测量法和点测法。

三、测量电阻法

测量电阻法可分为分阶测量法和分段测量法。这两种方法适用于电气设备分布距离较大的场合。

四、对比法、置换元件法、逐步开路（或接入）法

1. 对比法

把检测数据与图纸资料及平时记录的正常参数相比较来判断故障。对无资料又无平时记录的电气设备，可与同型号的完好电气设备相比较。

2. 置换元件法

某些电路的故障原因不易确定或检查时间过长时，但是为了保证电气设备的利用率，可转换同一相性能良好的元器件实验，以证实故障是否由此电气设备引起。

运用转换元件法检查时应注意，当把原电气设备拆下后，要认真检查是否已经损坏，只有肯定是由于该电气设备本身因素造成损坏时，才能换上新电气设备，以免新换元件再次损坏。

3. 逐步开路（或接入）法

多支路并联且控制较复杂的电路短路或接地时，一般有明显的外部表现，如冒烟、有火花等。电动机内部或带有护罩的电路短路、接地时，除熔断器熔断外，不易发现其他外部现象。这种情况可采用逐步开路（或接入）法检查。

(1) 逐步开路法。遇到难以检查的短路或接地故障，可重新更换熔体，把多支路交联电路，一路一路逐步或重点地从电路中断开，然后通电试验，若熔断器一再熔断，故障就在刚刚断开的这条电路中。然后再将这条支路分成几段，逐段地接入电路。当接入某段电路时熔断器又熔断，故障就在这段电路及某电气设备上。这种方法简单，但容易把损坏不严重的电气设备彻底烧毁。

(2) 逐步接入法。电路出现短路或接地故障时，换上新熔断器逐步或重点地将各支路一条一条地接入电源，重新试验。当接到某段时熔断器又熔断，故障就在刚刚接入的这条电路及其所包含的电气设备上。

五、短接法

断路故障除用电阻法、电压法检查外，还有一种更为简单可靠的方法，就是短接法。短接法是利用一根良好绝缘的导线，将所怀疑断路的部位短接，如短接到某处，电路工作恢复正常，说明该处断路。

短接法只适用于检查压降极小的导线和触头之间的断路故障。对于压降较大的电器，如电阻、接触器和继电器的线圈、绕组等断路故障，不能采用短接法，否则就会出现短路故障。

六、强迫闭合法

在排除电气设备故障时，经过直观检查后没有找到故障点而当时也没有适当的仪表进行测量时，可用一绝缘棒将有关继电器、接触器、电磁铁等用外力强行按下，使其动合触点闭合，然后观察电器部分或机械部分出现的各种现象，如电动机从不转到转动，设备相应的部分从不动到正常运行等。

三相交流异步电动机的拆装技能训练

【必备知识】三相异步电动机的基本知识

按照电源的种类，可将电动机分为交流电动机和直流电动机，如图2-1所示。目前，应用最广泛的电动机是三相交流异步电动机、单相交流异步电动机和直流电动机。

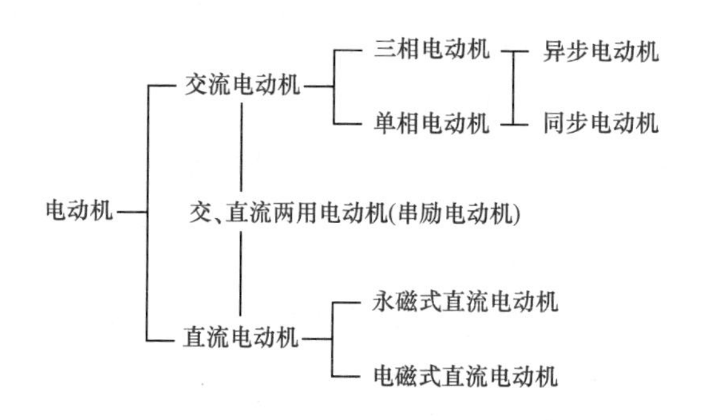

图2-1　电动机的分类

一、三相异步电动机的特点、用途和分类

1. 特点

(1) 优点：结构简单、工作可靠、价格低廉、坚固耐用、效率较高、维修方便。

(2) 缺点：不易调速、功率因数较低。

2. 用途

三相异步电动机的用途非常广泛，可用于金属切削、起重运输、鼓风机、水泵脱粒机、各种农副产品的加工机械等。

3. 分类

(1) 按照转子的结构形式可分为笼型和绕线型，如图 2-2 所示。

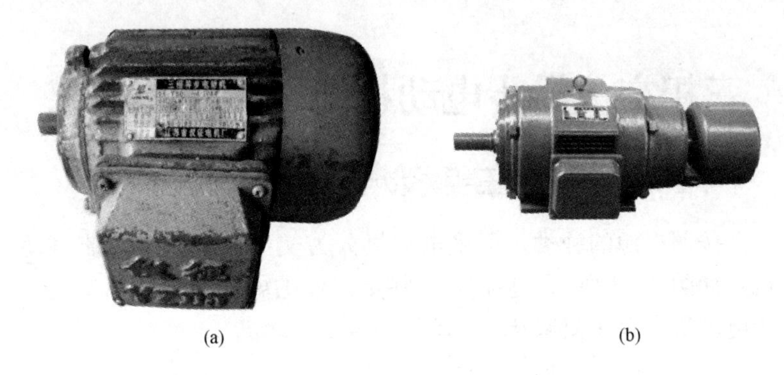

(a) (b)

图 2-2 三相异步电动机

(a) 笼型电动机；(b) 绕线型电动机

(2) 按照电动机的容量可分为小型电动机、中型电动机和大型电动机。

(3) 按防护型式可分为：

1) 开启式：用于实验室等室内场所。

2) 防护式：用于较清洁的场所。

3) 封闭式：用于灰砂较多的场所。

4) 防爆式：用于有爆炸性混合物的场所。

(4) 按定子相数可分为单相异步电动机、两相异步电动机、三相异步电动机。

二、三相异步电动机的基本结构

三相异步电动机主要由定子和转子两大部分组成，即静止的定子和旋转的转子。定子和转子之间有一个很小的气隙。三相异步电动机结构示意图如图 2-3 所示。

1. 定子

定子由定子铁芯、定子绕组和机座等部件组成，如图 2-4 所示。

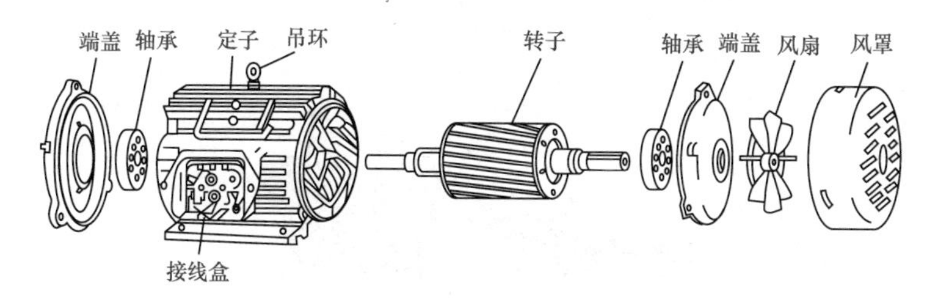

图 2-3 三相异步电动机结构示意图

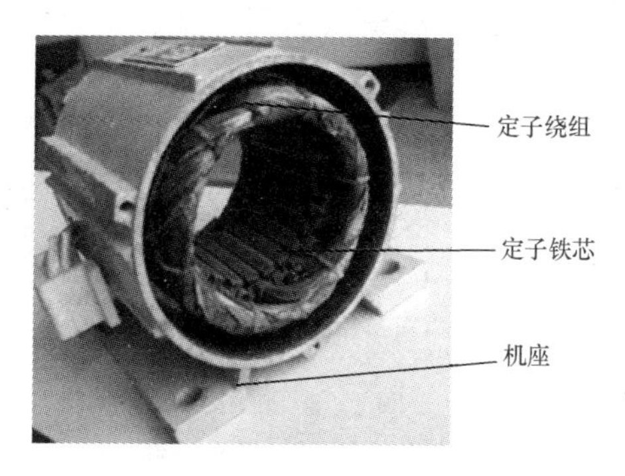

图 2-4 定子

(1) 定子铁芯。定子铁芯是三相异步电动机磁路的一部分。铁芯一般用 0.35～0.5mm 厚、相互绝缘的硅钢片叠压而成，片与片之间涂有绝缘漆，在铁芯内圆上有均匀分布的槽，用以放置定子绕组。

(2) 定子绕组。定子绕组是三相异步电动机电路的一部分。它由很多线圈按一定规律连接而成，主要作用是通入三相对称交流电，产生旋转磁场。

(3) 机座。机座的主要作用是固定定子铁芯、端盖，支撑转子、散热，同时保护整台电动机的电磁部分。

中小型电动机的机座通常采用铸铁制成，小型电动机机座也可用铝铸造，而大型电动机的机座则由钢板焊接而成。

2. 转子

转子由转子铁芯、转子绕组、转轴和风叶等组成，如图 2-5

所示。

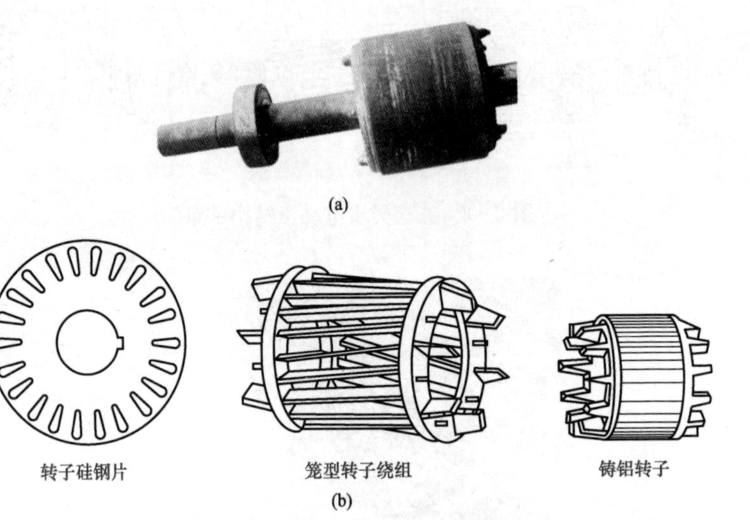

图 2-5　转子

(a) 转子外形；(b) 转子结构图

(1) 转子铁芯。转子铁芯也是三相异步电动机磁路的一部分，一般用 0.35～0.5mm 厚、相互绝缘的硅钢片叠压而成。转子铁芯的外圆上有均匀分布的槽，用来放置转子绕组。

(2) 转子绕组。转子绕组的作用是产生感应电动势和电流，并在旋转磁场的作用下产生电磁转矩驱动转子转动。

(3) 其他附件

1) 端盖。端盖装在机座的两侧，起支撑转子的作用，并保持定、转子之间同心度的要求，如图 2-6 (a) 所示。

2) 轴承和轴承盖。轴承用来连接电动机转动和静止这两部分。轴承内注有润滑油脂，为防润滑油脂溢出，需要加装内、外轴承盖，如图 2-6 (b) 所示。

3) 风叶和风罩。风叶的作用是散热，风罩的作用是保护风叶，如图 2-7 所示。

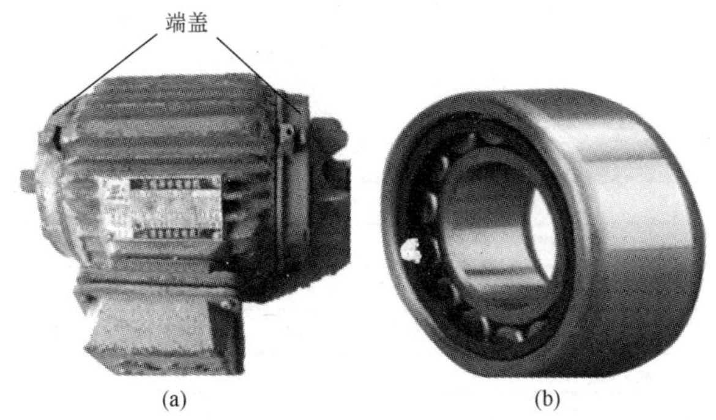

图 2-6　端盖和轴承

(a) 端盖；(b) 轴承

图 2-7　风叶和风罩

三、三相异步电动机的铭牌

每台异步电动机的机座上都有一块铭牌，铭牌上标出了该电动机的型号、规格和有关技术数据，如图 2-8 所示。

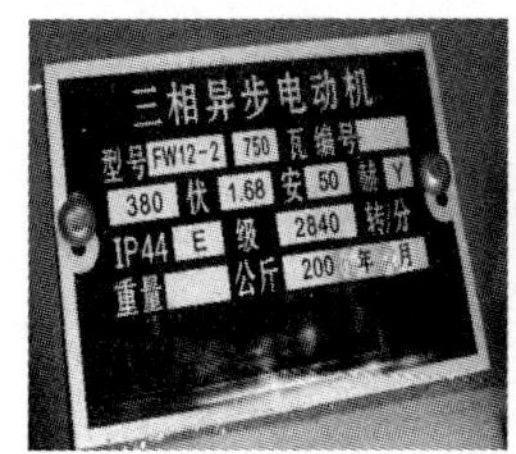

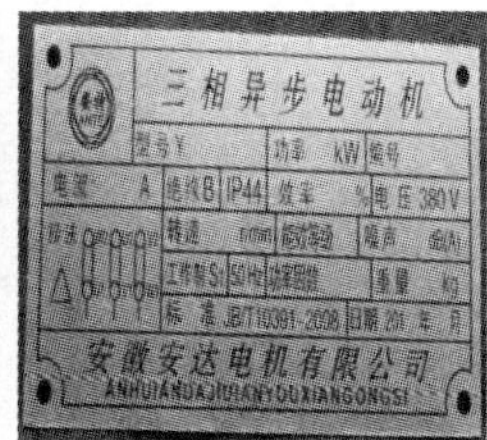

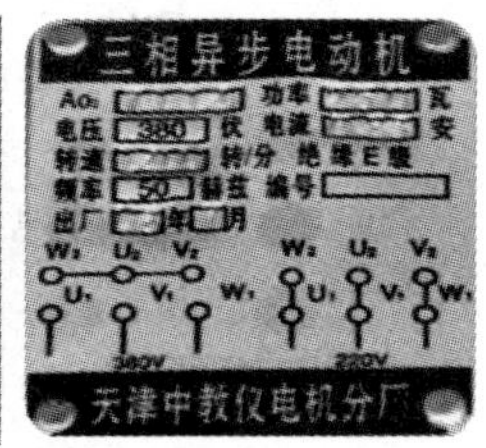

图 2-8　三相异步电动机的铭牌

下面以 Y-112M-4 为例，如图 2-9 所示，介绍符号与数字的含义。

三相异步电动机			
型号Y-112M-4		编号	
4.0kW		8.8A	
380V	1440r/min	LW 82dB	
接法△	防护等级1P44	50Hz	45kg
标准编号	工作制S1	B级绝缘	年 月
××电机厂			

图 2-9 Y-112M-4 型电动机铭牌

1. 型号

型号是电动机类型、规格的代号。

Y——三相笼型转子异步电动机。

112——机座中心高为 112mm。

M——机座长度代号（L—长机座，M—中机座，S—短机座）。

4——磁极数（磁极对数 $p=2$）

2. 额定功率 P_N

额定功率也称额定容量，是指在额定电压、额定电流、额定负载运行时，电动机轴上输出的机械功率。

3. 额定电压 U_N

额定电压是指电动机在正常运行时加到定子绕组上的线电压。

4. 额定电流 I_N

额定电流是指电动机在正常运行时，定子绕组线电流的有效值。

5. 额定转速 n_N

额定转速是指在额定频率、额定电压和额定输出功率时，电动机每分钟的转数。

6. 额定频率 f_N

额定频率是指电动机定子绕组所加交流电源的频率。

7. 接法

接法是指电动机在额定电压下三相定子绕组的联结方式，有Y接法或△接法，如图 2－10 所示。

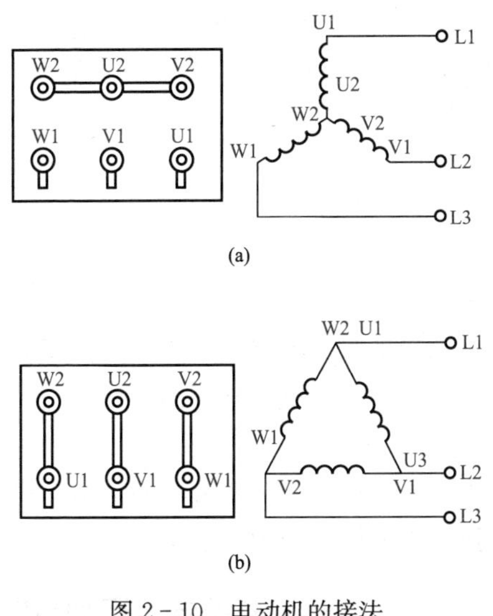

图 2－10 电动机的接法

(a) Y接法；(b) △接法

三相异步电动机的接法要根据三相异步电动机的额定电压（相电压）与电源电压（线电压）的数值而定，使每相负载所承受的电压等于额定电压。如电动机铭牌上标注的“220/380V—△/Y”表示当电源线电压为 220V 时定子绕组为△连接，当电源线电压为 380V 时定子绕组为Y连接。

8. 绝缘等级

绝缘等级是指电动机定子绕组所用绝缘材料允许的最高温度等级，有 Y、A、E、B、F、H、G 七个等级。

9. 工作方式

(1) S1：表示连续工作方式，可按铭牌上规定的额定功率长期连续使用，而温升不会超过允许值。

（2）S2：表示短时工作方式每次只允许在规定时间按额定功率运行，如果运行时间超过规定时间，则会使电动机过热而损坏。

（3）S3：表示断续工作方式电动机以间歇方式运行。

10. 防护等级

防护等级表示电动机外壳防护的方式。IP11 是开起型，IP22、IP23 是防护型，IP44 是封闭型。

四、三相异步电动机的选用

1. 选择合适的防护形式

三相异步电动机防护形式有开启式封闭式等，主要根据安装场所选择。

2. 选择合适的功率

一般应使电动机的额定功率比其带动机械的功率大 10%左右，以补偿传动过程中的机械损耗，防止意外的过载情况。

3. 选择合适的转速

在工农业生产上选用 1450r/min 左右的电动机较多，其转速较高，适用性强，功率因数与效率也较高。

【技能训练 1】三相交流异步电动机的拆卸

一、拆卸前的准备

（1）切断电源，拆开电机与电源连接线，并做好与电源线相对应的标记，以免恢复时搞错相序，并把电源线的线头做绝缘处理，如图 2-11 所示。

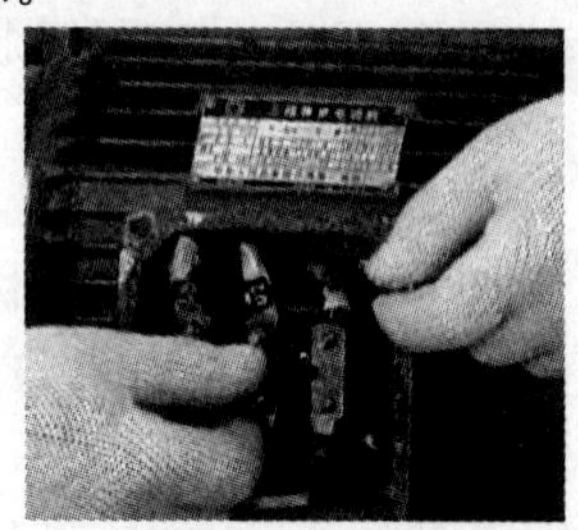

图 2-11　拆除引线

(2) 清理好场地，备齐常用电工工具、拉具、套筒等拆卸工具，如图 2-12 所示。

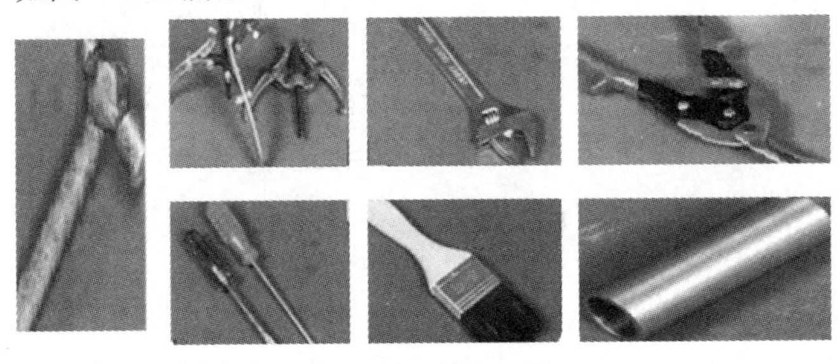

图 2-12 拆卸工具

(3) 在被拆电机的端盖、轴、螺钉等零件上做好标记，如图 2-13 所示。

图 2-13 做好标记

(4) 标记电源线在接线盒中的相序、电机的出轴方向及引出线在机座上的出口方向。

二、拆卸步骤

电动机拆卸的主要步骤为风罩——扇叶——前轴承盖——前端盖——定子——后轴承盖——后端盖——转子——后轴承——后轴承内盖——前轴承——前轴承内盖。

(1) 拆卸皮带轮或联轴器。

1) 拆卸要领。拆卸时，先在皮带轮或联轴器与转轴之间做好位置标记，拧下固定螺钉和销子，然后用拉具慢慢地拉出，如图 2-14 所示。

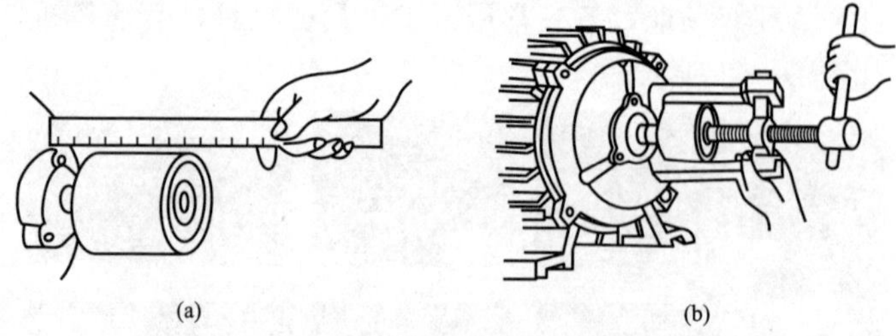

图 2-14　拆卸皮带轮

(a) 皮带轮的位置标法；(b) 用拉具拆卸皮带轮

2）注意事项。拆卸皮带轮或联轴器，如果拉不出，严禁野蛮拆卸，可在内孔浇点煤油再拉。如果仍拉不出，可用喷灯急火围绕皮带轮或联轴器四周迅速加热（加热温度不能过高，时间不能过长，以防变形），同时用石棉或湿布包好轴，并向轴上不断浇冷水，以免使其随同外套膨胀，同时热量传入电动机内部，影响皮带轮的拉出。

（2）拆卸风罩、风扇。

1）用螺钉旋具卸掉风罩上的螺钉，取下风罩，如图 2-15（a）所示。

2）再拆掉风扇，如图 2-15（b）、图 2-15（c）所示。

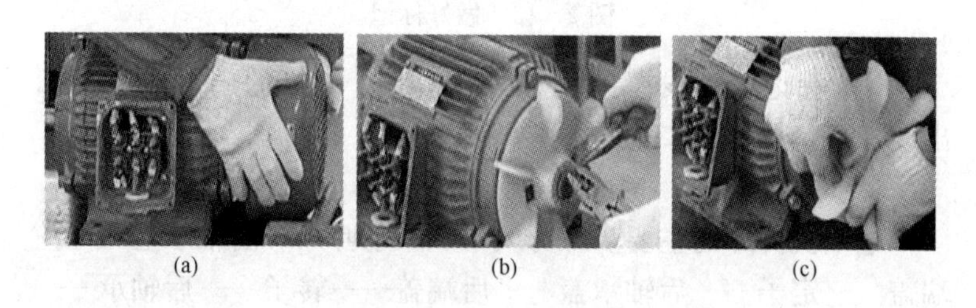

图 2-15　拆卸风罩、风扇

(a) 拆卸风罩；(b)、(c) 拆卸风扇

（3）拆卸轴承盖。

1）拆卸要领。拧下固定轴承盖的螺钉，分别取下前、后轴承外盖，如图 2-16 所示。

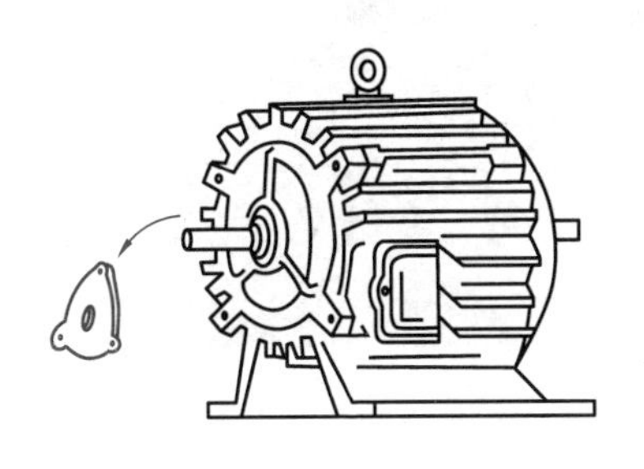
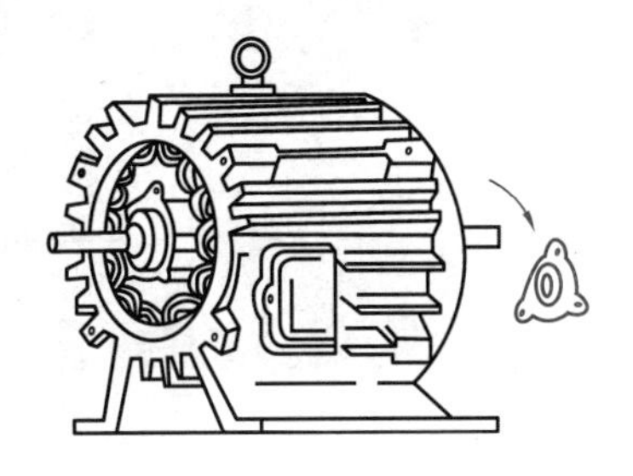

图 2-16　拆卸轴承盖

2）注意事项。前、后两个轴承外盖要分别标上记号，以免装配时前后装错。

（4）拆卸端盖。

1）拆卸要领。拧下固定端盖的螺钉，用木槌或铜锤沿端盖边沿慢慢地敲击，撬下前、后端盖，如图 2-17 所示。

图 2-17　拆卸端盖

2）注意事项。

a. 拧螺钉和撬端盖都要对角线均匀对称地进行。

b. 前、后端盖要标上记号，以免装配时前后搞错，如图 2-18 所示。

c. 严禁用铁锤直接敲打端盖。

（5）拆卸转子。

1）拆卸要领。前、后端盖拆掉后，便可抽出转子，如图 2-19 所示。

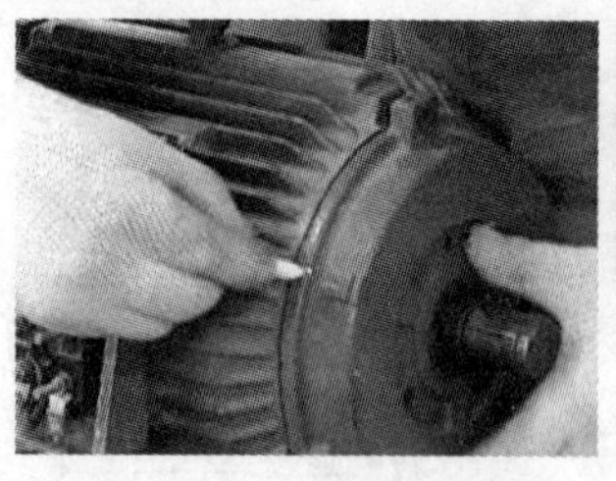

图 2-18　端盖上标记号

图 2-19　拆卸转子

2）注意事项。

a. 抽出转子时应注意避免损伤铁芯和绕组。

b. 对于小型电动机转子，抽出时要一手握住转子，把转子拉出一些，再用另一只手托住转子，慢慢地外移；对于大型电动机，抽出转子时要两人各抬转子的一端，慢慢外移，切勿碰坏定子绕组。

（6）拆卸前后轴承。电动机的轴承一般分为滚动轴承和滑动轴承两类。滚动轴承装配结构简单，维修方便，主要用于中、小型电机；滑动轴承多用于大型电动机。轴承的拆卸可采取以下三种方法：

1）用拉具进行拆卸。拆卸时拉具钩爪一定要抓牢轴承内圈，以免损坏轴承，如图 2-20 所示。

2）用铜棒拆卸。将铜棒对准轴承内圈，用锤子敲打铜棒，如图 2-21 所示。用此方法时要注意轮流敲打轴承内圈的相对两侧，不可敲打一边，用力也不要过猛，直到把轴承敲出为止。

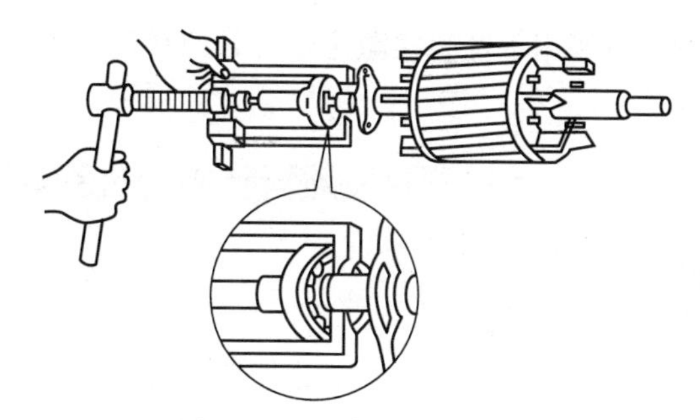

图 2-20 用拉具拆卸轴承

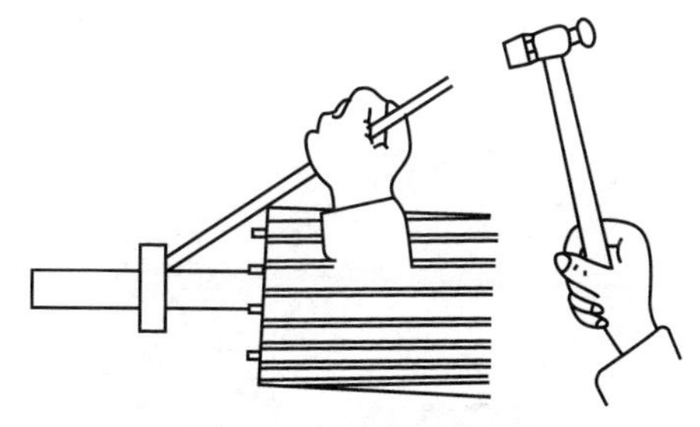

图 2-21 敲打拆卸轴承

在拆卸端盖内孔轴承时，可采用如图 2-22 所示的方法，将端盖止口面向上平稳放置，在轴承外圈的下面垫上木板，但不能顶住轴承，然后用一根直径略小于轴承外沿的铜棒或其他金属管抵住轴承外圈，从上往下用锤子敲打，使轴承从下方脱出。

3）铁板夹住拆卸。用两块厚铁板夹住轴承内圈，铁板的两端用可靠支撑物架起，使转子悬空，如图 2-23 所示，然后在轴上端面垫上厚木板并用锤子敲打，使轴承脱出。

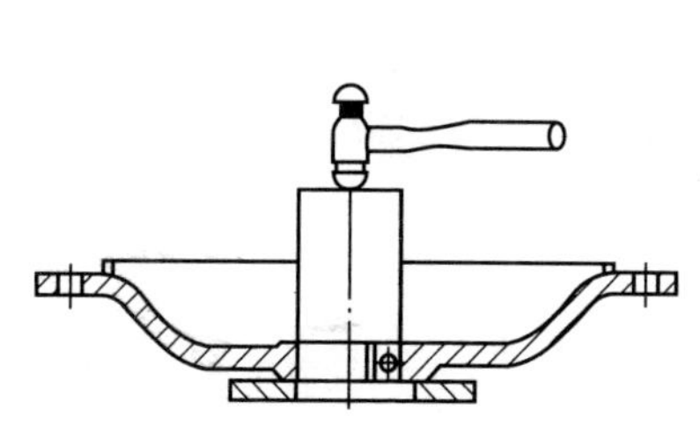

图 2-22 拆卸端盖内孔轴承

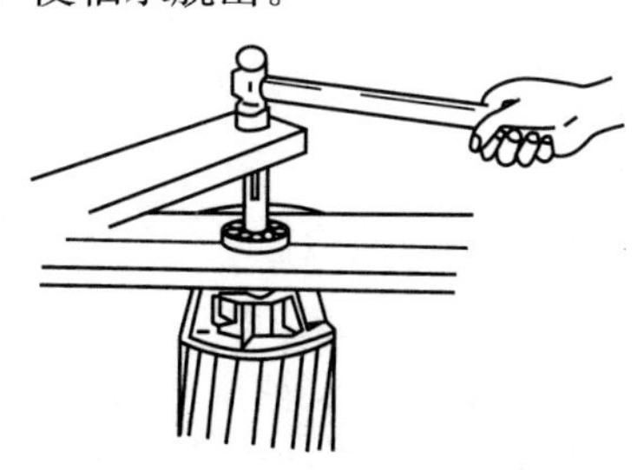

图 2-23 铁板夹住拆卸轴承

拆卸时，不能用手锤直接敲击零件，应垫铜、铝棒或硬木对称敲。

【技能训练2】三相交流异步电动机的安装

一、装配前的准备

（1）备齐装配工具。

（2）用压缩空气吹净电动机内部灰尘，检查各部零件的完整性等。

（3）将可洗的各零部件用汽油冲洗，并用棉布擦拭干净，再彻底清扫定、转子内部表面的尘垢，如图2-24所示。

图2-24　用汽油冲洗各零部件

（4）检查槽楔、绑扎带等是否松动，有无高出定子铁芯内表面的地方，止口有无损坏伤等，并做好相应处理。

二、装配步骤

按拆卸时的逆顺序进行，并注意将各部件按拆卸时所做的标记复位。具体装配步骤为前轴承内盖——前轴承——后轴承内盖——后轴承——转子——后端盖——后轴承盖——定子——前端盖——前轴承盖——扇叶——风罩。

1. 填装润滑脂

填装轴承及轴承盖润滑脂，填装轴承及轴承盖1/3～1/2空腔容积，填充洁净、均匀，如图2-25所示。

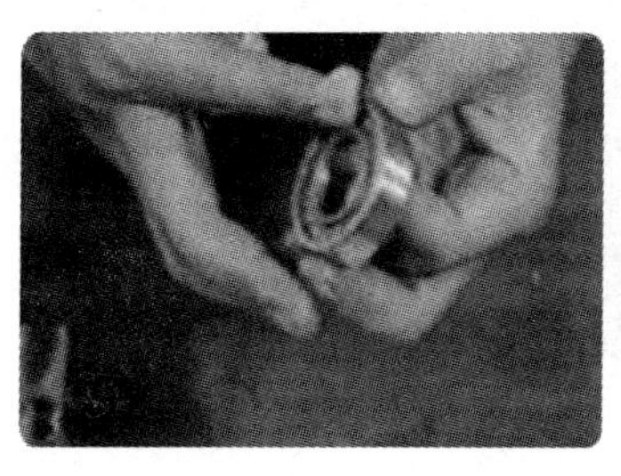

图 2-25 填装润滑脂

2. 装配前后轴承

(1) 敲打法。把轴承套到轴上，对准轴颈，铁管的一端顶在轴承的内圈上，用手锤敲铁管的另一端，把轴承敲进去，如图 2-26 所示。

图 2-26 敲打法安装轴承

(2) 热套法。如配合度较紧，为了避免把轴承内环胀裂或损伤配合面，可采用热套法，如图 2-27 所示。

轴承可放在温度为 80～100℃ 的变压器油中，加热 20～40min，趁热迅速把轴承一直推到轴肩，冷却后自动收缩套紧。另外，轴承外圈与端盖之间也不能太紧。

(3) 冷套法。先将轴颈部分揩擦干净，把清洗好的轴承套在轴上，找一根内径略大于转轴外径的平口铁管套入转轴，使管壁正好顶在轴承的内圈上，便可在管口垫木块用手锤敲打，使轴承套入转子定位处。也可用硬质木棒或金属棒顶住轴承内圈敲打，为避免轴承歪扭，应在轴承内圈的圆周上均匀敲打，使轴承平衡地行进，如图 2-28 所示。

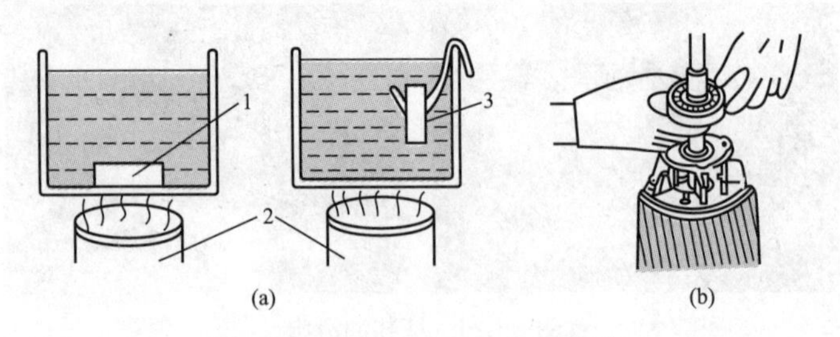

图 2－27　热套法安装轴承
(a) 用油加热轴承；(b) 热套轴承
1—轴承不能放在槽底；2—火炉；3—轴承应吊在槽中

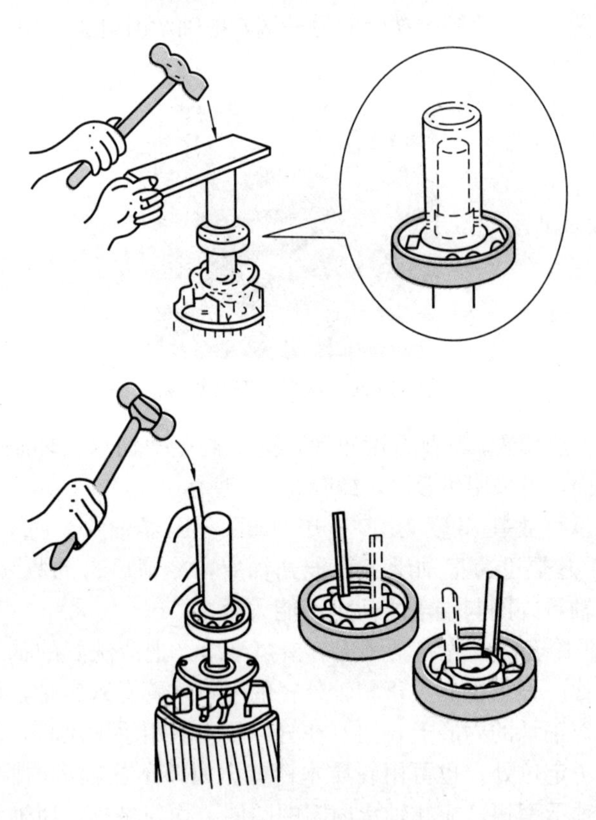

图 2－28　冷套法安装轴承

冷套法安装轴承的注意事项如下：

1）前后两个轴承盖要分别标上记号，以免装配时前后装错。

2）注意轴承内圈与转轴间不能过紧。如果过紧，可用细砂布打转轴表面四周，均匀地打磨一下，使轴承套入后能保持一般的紧密度即可。

另外，在安装好的轴承中要按其总容量的1/3～2/3容积加注润滑油，转速高的按小值加注，转速低的按大值加注。轴承如损坏应立即更换。如轴承磨损严重，外圈与内圈间隙过大，造成轴承过度松动，转子下垂并摩擦铁芯，轴承滚动体破碎或滚动体与滚槽有斑痕出现，保持架有斑痕或被磨坏等，都应更换新轴承。更换的轴承应与损坏的轴承型号相符。

3. 装配转子及后端盖

装配时，将转子对准定子腔中心小心地送入，然后安装后端盖及螺栓。

将轴伸端朝下垂直放置，在其端面上垫上木板，后端盖套在后轴承上，用木槌敲打，如图2-29所示。把后端盖敲进去后，装轴承外盖。紧固内外轴承盖的螺栓时注意要对称地逐步拧紧，不能先拧紧一个，再拧紧另一个。

图2-29 装配后端盖

装配转子及后端盖的注意事项如下：

(1) 装配转子。一手托端盖，一手托住转子，慢慢地将转子

送入定子空腔，切勿碰坏绕组。拧螺栓要对角线均匀对称地进行。

(2) 装配后端盖。左手托住端盖，对正端盖止口，用木槌敲打端盖四周安装好止口，分别用三根引硬导线一端挂住轴承孔，另一端穿入端盖孔，拧螺栓要对角线均匀对称地进行。装配时，要随时转动转子，以检查转动是否灵活。

4. 装配前端盖

装配时，先安装轴承螺栓，再安装前端盖。

将前轴承内盖与前轴承按规定加够润滑油后，一起套入转轴，然后在前内轴承盖的螺孔与前端盖对应的两个对称孔中穿入铜丝以拉住内盖，待前端盖固定就位后，再从铜丝上穿入前外轴承盖，拉紧对齐。

接着给未穿铜丝的孔中先拧进螺栓，带上丝口后，抽出铜丝，再给这两个螺孔拧入螺栓，依次对称逐步拧紧。也可用一个比轴承盖螺栓更长的无头螺栓（吊紧螺栓），先拧进前内轴承盖，再将前端盖和前外轴承盖相应的孔套在这个无头长螺栓上，使内外轴承盖和端盖的对应孔始终拉紧对齐。

待端盖到位后，先拧紧其余两个轴承盖螺栓，再用第三个轴承盖螺栓换下开始时用以定位的无头长螺栓，如图 2 - 30 所示。

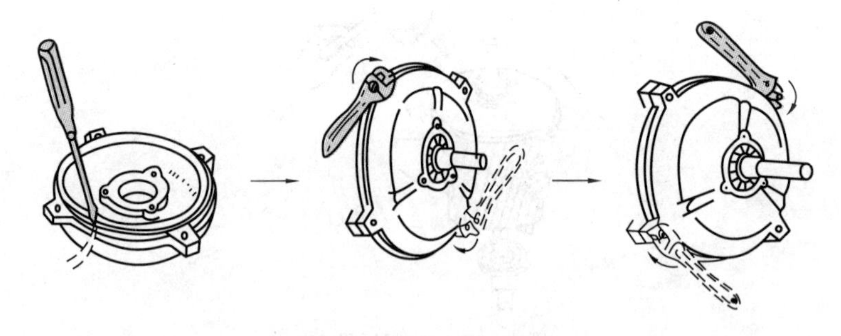

图 2 - 30　装配前端盖

注意事项：将端盖套在轴承上并放正，用木槌均匀敲打端盖四周，拧螺栓要对角线均匀对称地进行。

5. 装配扇叶、扇罩

用木槌敲打扇叶到位，转动转子观察转动是否正常。

6. 装配皮带轮或联轴器

（1）取一块细砂纸卷在圆锉或圆木棍上，把皮带轮或联轴器的轴孔打磨光滑。

（2）用细砂纸把转轴的表面打磨光滑。

（3）对准键槽，把皮带轮或联轴器套在转轴上。

（4）调整皮带轮或联轴器与转轴之间的键槽位置。

（5）用铁板垫在键的一端，轻轻敲打，使键慢慢地进入槽内，键在槽里要松紧适宜，太紧会损伤键和键槽，太松会使电动机运转时打滑，也会损伤键和键槽。

（6）旋紧压紧螺栓。

【技能训练3】三相交流异步电动机装配后的检查

在电动机装配完成之后，还要进行装配后的检查，以验明电动机是否符合质量要求。

一、机械检查

检查机械部分的装配质量，如图 2-31 所示。

（1）所有紧固螺钉是否拧紧、锁紧。

(a)

(b)

图 2-31　机械检查

(a) 检查螺钉；(b) 检查转子

(2) 用手转动转轴，转子转动是否灵活，有无扫膛、松动；轴承是否有杂声等。

(3) 转子轴的伸端有无径向偏动。

二、电气检查与试验

为了保证电动机的质量，应做以下检查试验项目：

1. 绝缘电阻的测量

主要进行绕组间绝缘电阻的测量和绕组对地绝缘电阻的测量，电动机绕组的绝缘电阻在热状态下所测得的数值应不小于下面公式所求得的数值

$$R_M \geqslant \frac{U_N}{1000 + \frac{P_N}{100}}$$

式中 R_M——电动机绕组的绝缘电阻，MΩ；

U_N——电动机绕组的额定电压，V；

P_N——电动机的额定功率，kW。

2. 直流电阻的测量

测量绕组的直流电阻是为了检查绕组的接线情况、焊接质量，复查电动机绕组的线径、匝数等情况，同时也为电阻法的温升试验提供计算依据。可利用直流电桥测量三相绕组。

3. 三相电流的测量

在机壳上装好接地线，然后根据铭牌规定的电压及连接方法接通电源，用钳形电流表测量三相电流大小及是否平衡。

4. 转速的测量

测量电动机转速，检查铁芯是否过热，轴承温度是否过高，轴承是否有杂音，有无漏油现象等。

三相交流异步电动机的检修技能训练

【技能训练 1】三相交流异步电动机的检修

一、三相交流异步电动机的日常检查和维护

三相交流异步电动机的日常检查和维护主要是监视电动机起动、运行等情况，以便及时发现异常现象，在发生事故之前进行维护。这主要靠看、摸、听、嗅、问及监视电流表、电压表、温度计等进行。

1. 看

观察电动机运行过程中有无异常，观察进出风口有无被污物、杂物堵塞，内部有无遭受水、油等侵蚀，外壳有无被灰尘覆盖，保护接地（接零）是否良好，传动带张力是否合适等。其主要表现为以下几种情况：

(1) 定子绕组短路时，可能会看到电动机冒烟。

(2) 电动机严重过载或缺相运行时，转速会变慢且有较沉重的“嗡嗡”声。

(3) 电动机正常运行，但突然停止时，会看到接线松脱处冒火花；熔丝熔断或某部件被卡住等现象。

(4) 若电动机剧烈振动，则可能是传动装置被卡住或电动机固定不良、底脚螺栓松动等。

(5) 若电动机内接触点和连接处有变色、烧痕和烟迹等，则说明可能有局部过热、导体连接处接触不良或绕组烧毁等。

2. 摸

摸电动机一些部位的温度也可判断故障原因。为确保安全，用手摸时应用手去碰触电动机外壳、轴承周围部分，若发现温度异常，其原因可能有以下几种：

(1) 通风不良，如风扇脱落、通风道堵塞等。

(2) 过载致使电流过大而使定子绕组过热。

(3) 定子绕组匝间短路或三相电流不平衡。

(4) 频繁起动或制动。

(5) 若轴承周围温度过高，则可能是轴承损坏或缺油所致。

3. 听

电动机正常运行时应发出均匀且较轻的“嗡嗡”声，无杂音和特别的声音。若发出噪声太大，包括电磁噪声、轴承杂音、通风噪声、机械摩擦声等，均可能是故障先兆或故障现象。

(1) 对于电磁噪声，如果电动机发出忽高忽低且沉重的声音，则原因可能有以下几种：

1) 定子与转子间气隙不均匀，此时声音忽高忽低且高低音间隔时间不变，这是轴承磨损从而使定子与转子不同心所致。

2) 三相电流不平衡。这是三相绕组存在误接地、短路或接触不良等原因，若声音很沉闷则说明电动机严重过载或缺相运行。

3) 铁芯松动。电动机在运行中因振动而使铁芯固定螺栓松动造成铁芯硅钢片松动，发出噪声。

(2) 对于轴承杂音，应在电动机运行中经常监听。

监听方法是：将螺钉旋具或听音棒（见图 3－1）一端顶住轴承安装部位，另一端贴近耳朵，便可听到轴承运转声。若轴承运转正常，其声音为连续而细小的“沙沙”声，不会有忽高忽低的变化及金属摩擦声。若出现以下几种声音则为不正常现象：

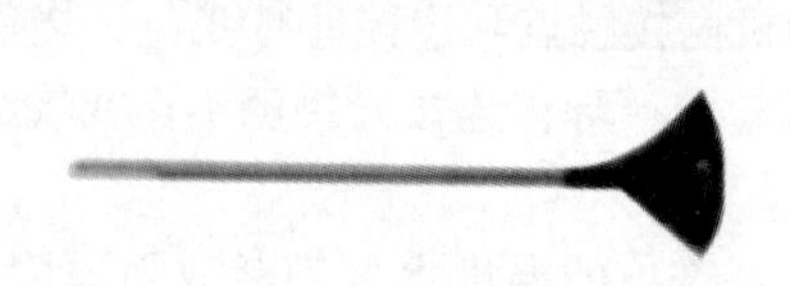

图 3－1　听音棒

1）轴承运转时有“吱吱”声，这是金属摩擦声，一般为轴承缺油所致，应拆开轴承加注适量润滑脂。

2）若出现“唧哩”声，这是滚珠转动时发出的声音，一般为润滑脂干涸或缺油引起，可加注适量油脂。

3）若出现“喀喀”声或“嘎吱”声，则为轴承内滚珠不规则运动而产生的声音，这是轴承内滚珠损坏或电动机长期不用，润滑脂干涸所致。

（3）若传动机构和被传动机构发出连续而非忽高忽低的声音，可分以下几种情况处理：

1）周期性“啪啪”声，为皮带接头不平滑引起。

2）周期性“咚咚”声，为联轴器或皮带轮与轴间松动以及键或键槽磨损引起。

3）不均匀的碰撞声，为风叶碰撞风扇罩引起。

4．嗅

通过闻电动机的气味也能判断及预防故障。

若发现有特殊的油漆味，说明电动机过载及通风受阻而过热，内部温度过高；若发现有很重的煳味或焦臭味，则可能是绝缘层被击穿或绕组已烧毁。

二、三相异步电动机的定期检修

1．定期小修

定期小修是对电动机的一般清理和检查，应经常进行。

（1）清擦外壳，除掉运行中积累的污垢。

（2）拆下轴承盖，检查润滑介质是否变脏、干涸，及时加油或换油。

（3）检查电动机接地线是否可靠。

（4）检查端盖、地脚螺钉是否紧固。

（5）检查电动机的附属起动和保护设备是否完好。

（6）检查电动机与负载机械间的传动装置是否良好。

（7）测量绝缘电阻，测量后注意重新接好线，拧紧接线螺钉。

2. 定期大修

异步电动机的定期大修应结合负载机械的大修进行。

(1) 拆下轴承，浸在汽油或柴油中彻底清洗，把轴承架与钢珠间残留的油脂及污垢洗掉后，再用干净的汽（柴）油清洗一遍。

(2) 对拆开的电动机和起动设备进行清理，清除所有油泥、污垢。清理中注意观察绕组绝缘状况。

(3) 检查定、转子铁芯有无磨损和变形。

(4) 检查定子绕组是否存在故障。使用绝缘电阻表测绕组绝缘电阻可判断绕组绝缘是否受潮或短路，若有故障则应进行相应处理。

(5) 检查各部件有无机械损伤，若有则应做相应修复。

(6) 在进行以上各项修理、检查后，对电动机进行装配、安装。

(7) 安装完毕的电动机，应进行修理后检查，符合要求后方可带负载运行。

【技能训练2】三相交流异步电动机常见故障的检修

三相交流异步电动机应用广泛，但长期工作后，会发生各种故障，及时判断故障原因，进行相应检修，是防止故障扩大、保证设备正常运行的一项重要工作。

电动机常见的故障主要分为机械故障和电气故障两大类。机械故障主要包括轴承、风扇、端盖、转轴、机壳等故障；电气故障主要包括定子绕组、转子绕组和电路故障。

一、电气故障检修

(一) 绕组接地故障

绕组接地故障是指绕组与铁芯或与机壳的绝缘被损坏而造成的接地。

1. 故障现象

机壳带电、控制线路失控、绕组短路发热，致使电动机无法正常运行。

2. 产生原因

绕组受潮使绝缘电阻下降；电动机长期过载运行；有害气体腐蚀；金属异物侵入绕组内部损坏绝缘；重绕定子绕组时绝缘损坏碰铁芯；绕组端部碰端盖机座；定、转子摩擦引起绝缘灼伤；引出线绝缘损坏与壳体相碰；过电压（如雷击）使绝缘击穿。

3. 检查方法

（1）观察法。目测绕组端部及线槽内绝缘物，观察有无损伤和焦黑的痕迹，若有就是接地点。

（2）万用表法。用万用表低电阻挡检查，如图 3－2 所示，将其中一根表笔接绕组的出线端，另一根表笔接机壳，如果测得的电阻值很小或为零，则表明存在接地故障；如果测得的电阻值很大，则表明没有接地故障。

（3）绝缘电阻表法。根据不同的等级选用不同的绝缘电阻表测量每组绕组的绝缘电阻，若读数为零，则表示该项绕组接地，但对电动机绝缘受潮或因事故而击穿，需依据经验判定，一般来说指针在“0”处摇摆不定时，可认为其具有一定的电阻值，如图 3－3 所示。

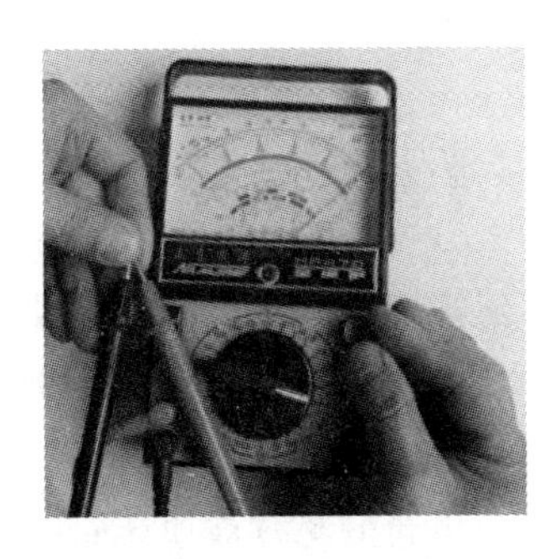

图 3－2　万用表法检查示意图

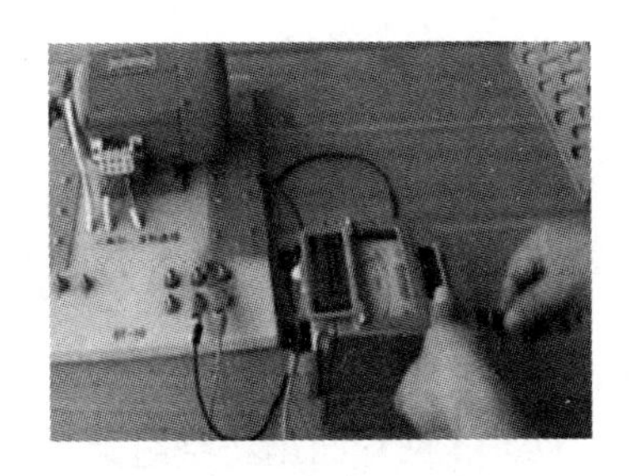

图 3－3　绝缘电阻表测量绕组的绝缘电阻

（4）灯泡法。用一只瓦数较大的灯泡进行检查，如图 3－4 所示。

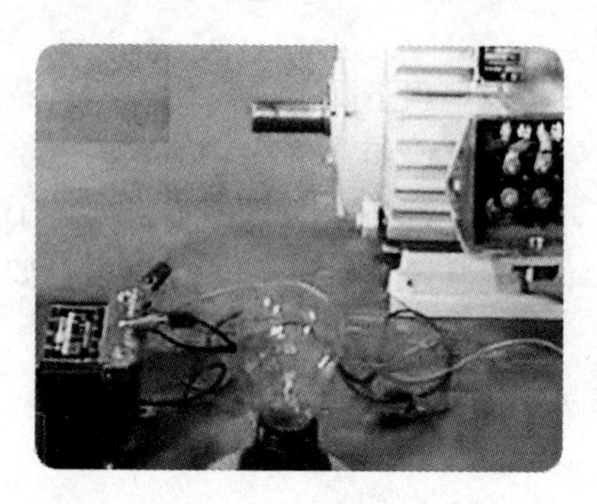

图 3-4　灯泡法示意图

如果灯泡亮，说明绕组接地；若发现某处伴有火花或冒烟，则该处为绕组接地故障点。若灯泡微亮，则说明绝缘有接地击穿。若灯泡不亮，但测试棒接地时也出现火花，则说明绕组尚未击穿，只是严重受潮。也可用硬木在外壳的止口边缘轻敲，敲到某一处灯泡一灭一亮时，说明电流时通时断，则该处就是接地点。

（5）分组淘汰法。对于接地点在铁芯里面且烧灼比较厉害，烧损的铜线与铁芯熔在一起的情况，采用的方法是把接地的一相绕组分成两半，依此类推，最后找出接地点。

4. 修理方法

（1）绕组端部绝缘损坏时，在接地处进行处理，涂漆，再烘干。

（2）绕组接地点在槽内时，重绕绕组或更换部分绕组元件。

（3）绕组受潮，把绕组预烘，浇上绝缘漆烘干，若受潮严重，换新的绕组。

（4）硅钢片凸出将绕组绝缘割破。可将硅钢片敲下去，将被割破的地方重新包好。

（二）绕组短路故障

绕组短路是由于电动机电流过大、电源电压变动过大、单相运行、机械碰伤、制造不良等造成绝缘损坏所致。

1. 故障现象

三相电流不平衡而使电动机运行时振动和噪声加剧，起动力矩降低，严重时电动机不能起动，而在短路线圈中产生很大的短路电流，导致线圈迅速发热而烧毁。

2. 产生原因

电动机长期过载，使绝缘老化；嵌线时造成绝缘损坏；绕组受潮造成绝缘击穿；端部和层间绝缘材料未垫好或整形时损坏；端部连接线绝缘损坏；过电压或遭雷击使绝缘击穿；转子与定子绕组端部相互摩擦造成绝缘损坏；金属异物落入电动机内部或油污过多。

3. 检查方法

（1）观察法。绕组发生短路故障后，在故障处产生高热将绝缘烧焦变脆，甚至碳化脱落，所以从外表观察就能发现短路故障比较严重的部位；或者将电动机空转 20min（若电动机发出焦臭味或冒烟，应立即停车），然后停车，迅速打开端盖，取出转子，用手摸绕组的端部，如果有一个或一组线圈的温度明显比其他部分线圈的温度高甚至烫手，则表明这部分线圈存在匝间短路故障。

（2）电压降法。将有短路故障的那相绕组的各极相组间的连接线的绝缘套管剥开，使导线裸露在外面，并从引出线处通入低压直流电或交流电（12～36V），用电压表测量每个极相组的电压降，读数小的那一组即有短路故障存在，如图 3 - 5 所示。为了进一步找出短路故障发生在哪个线圈里，可把低压电源改接在有短路故障极相组的两端，在电压表的引线上连接两根插针（外套绝缘柄），刺入每个线圈的两端，其中测得电压最低的线圈，就是有短路故障点的线圈。

（3）万用表或绝缘电阻表法。测任意两相绕组相间的绝缘电阻，若读数极小或为零，则说明该两相绕组相间有短路。

（4）通电实验法。用电流表测量，若某相电流过大，则说明该相有短路处。

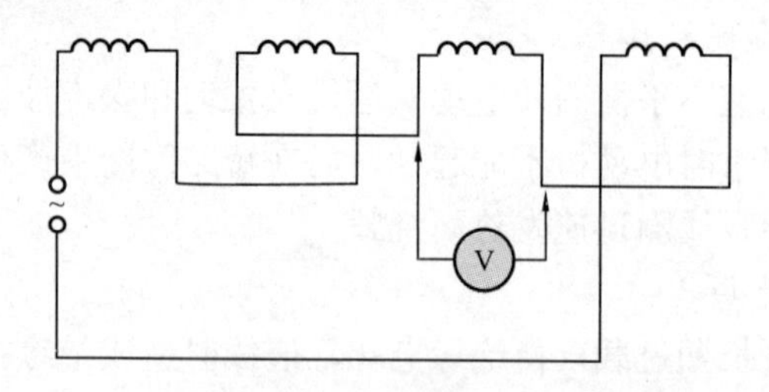

图 3－5　电压降法检查短路故障

（5）短路测试器法。短路测试器由线圈和开口铁芯两部分组成。使用时将它的开口对准被检查线圈所在的槽口上，这样短路测试器和定子的一部分组成了“变压器”，短路测试器的铁芯与定子铁芯一部分组成一个闭合的磁路，短路测试器的线圈相当于原绕组，被检查的线圈相当于副绕组，如图 3－6 所示。

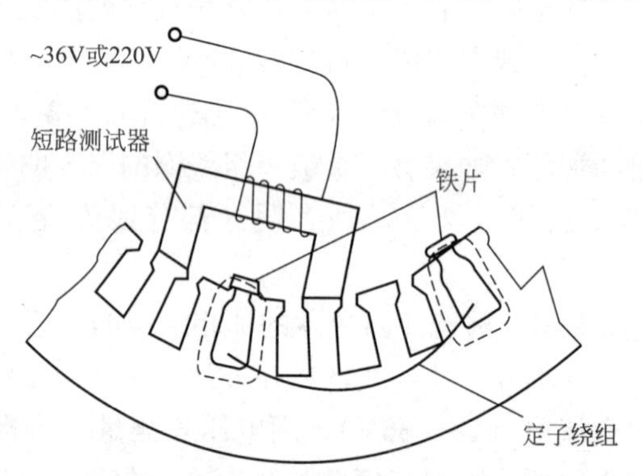

图 3－6　用短路测试器检查绕组匝间短路

当短路测试器的线圈与单相 36V 交流电源接通后，就会在被检查的线圈内产生感应电动势。如果在被检查的线圈中有短路故障存在，就会在短接的环路中流入感应电流，并在周围产生交变磁场。如果用一块薄铁片（如废手锯条）放在被检查线圈的另一槽口上，就会被吸附在铁芯上。由于磁通是交变的，因此吸力也是变化的，小铁片便会发生振动，并发出“吱吱”声。如果被检查的线圈没有短路故障，小铁片便不会被吸附并发生声响。

4. 修理方法

(1) 短路点在端部或绕组外层，可用绝缘材料将短路点隔开，也可重包绝缘线，再涂上绝缘漆，烘干，如图3-7所示。

(2) 短路在线槽内。将其软化后，找出短路点修复，重新放入线槽后，再上漆烘干。

(3) 对短路线匝少于1/12的每相绕组，串联匝数时切断全部短路线，将导通部分连接，形成闭合回路，供应急使用，如图3-8所示。

图3-7 烘干

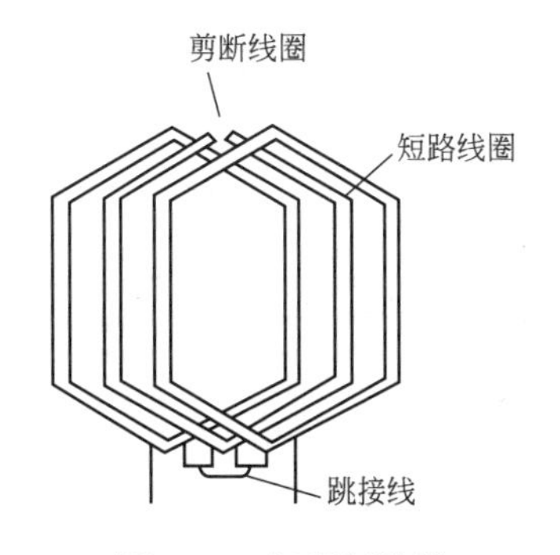

图3-8 切断短路线

(4) 绕组短路点匝数超过1/12时，要全部拆除重绕。

(三) 绕组断路故障

1. 故障现象

电动机不能起动，三相电流不平衡，有异常噪声或振动大，温升超过允许值或冒烟。

2. 产生原因

由于焊接不良或使用腐蚀性焊剂，焊接后又未清除干净，就可能造成壶焊或松脱；受机械力的影响，如绕组受到碰撞、振动或机械应力而断裂；线圈短路或接地故障也可使导线烧毁，在烧毁的导线中有一根或几根短路时，另几根导线由于电流的增加而温度上升，引起绕组发热而断路；由于储存保养不善、霉烂腐蚀或老鼠啃坏等。

3. 检查方法

(1) 万用表、绝缘电阻表法。首先检查出有断路故障的相绕组，然后从有断路故障的相绕组中查找有断路故障的极相组，再从有断路故障的极相组中查出有断路故障的线圈，直至查找出顺路故障点。

(2) 灯泡法。用灯泡法查找故障点时，将电池与灯泡串联（注意灯泡的额定电压与电池电压一致），接出两根引线，如图 3－9 所示。

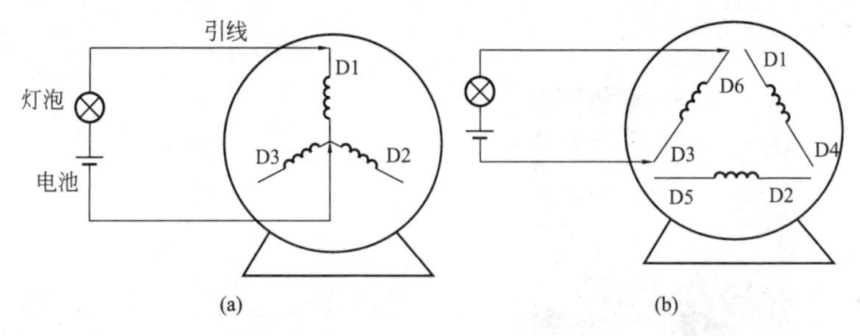

图 3－9　灯泡法示意图

(a) 星形；(b) 三角形

(3) 电桥法。当电动机某一相电阻比其他两相电阻大时，说明该相绕组有部分断路故障。

4. 修理方法

(1) 断路在端部时，连接好后焊牢，包上绝缘材料，套上绝缘管，绑扎好，再烘干，如图 3－10 所示。

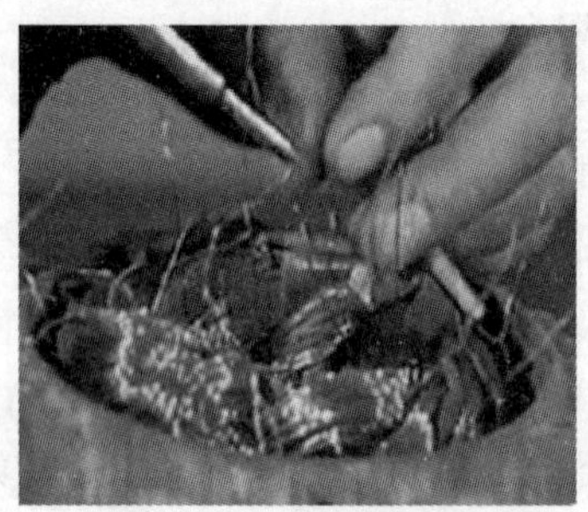

图 3－10　焊接断路点

绕组端部出现多根断路，可采取如图 3-11 所示的方法修理。首先用检查通路的方法找出与该相绕组首端相通的一个断路线头 A0，从另一侧找出与相绕组末端相通的断路线头 B0；然后将 A0 与其相对侧除 B0 以外的任一断路线头 B1、B2 或 B3 连接（如 B1）；再从 A0 侧剩下的三个断路线头中找出与首端相通的第二个断路线头（如 A1）；再将 A0 与其相对侧除 B0 以外剩下的两个断路线头的任一连接（如 B2）；如此重复进行，每次接通一匝，最后将 A0 侧的最后一个断路线头 A3 与 B0 连接，则断路线匝全部接通。

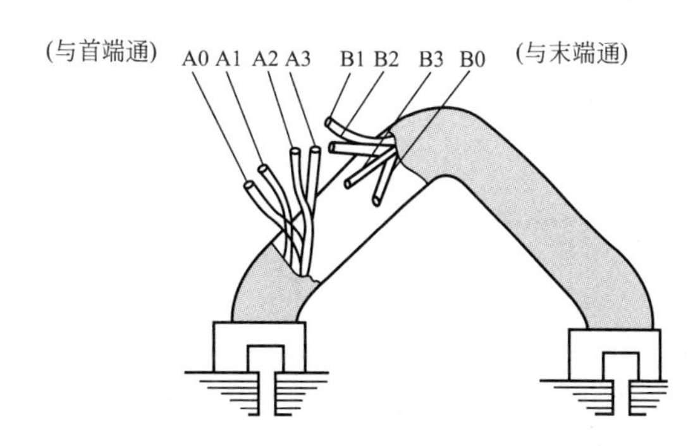

图 3-11 绕组多根断路修理法

（2）对断路点在槽内的，属少量断点的做应急处理，采用分组淘汰法找出断点，并在绕组断部将其连接好。

（3）对笼型转子断笼的采用焊接法、冷接法或换条法修复。

（四）绕组接错故障

1. 故障现象

电动机起动困难，电流不平衡，剧烈振动，噪声大，甚至不能起动，若不及时停机还可能烧断熔断器熔体或烧坏绕组。

2. 产生原因

某极相中一只或几只线圈嵌反或头尾接错；极（相）组接反；某相绕组接反；多路并联绕组支路接错；三角形、星形接法错误。

3. 检查方法

(1) 万用表、干电池法。合上开关瞬间，注视万用电表（微安挡）指针摆动的方向，若指针摆向大于零的一边，则接电池正极的线头与万用电表负极所接的线头同为首端或尾端；若指针反向摆动，则接电池正极的线头与万用电表正极所接的线头同为首端或尾端，如图 3-12 所示。

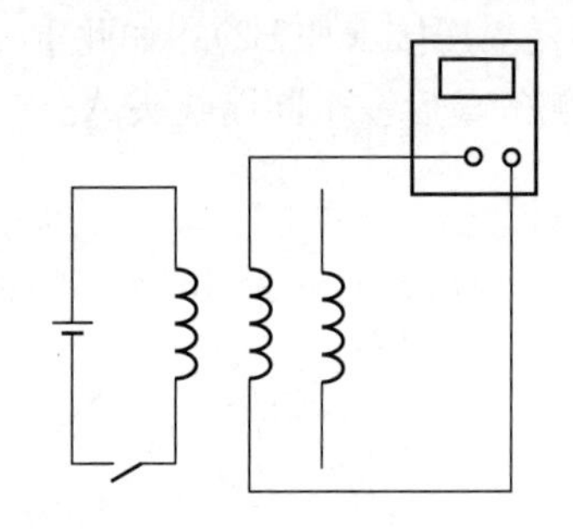

图 3-12 万用表、干电池法示意图

(2) 指南针法。先断开各相绕组之间的连接线，把其中一相的两端接一个低电压的直流电源（如 6V 左右），使线圈中的电流为额定电流的 1/6～1/4。用指南针沿定子铁芯内圆缓慢移动，如果线圈组没有接错，当指南针经过每一个极相组时，必反向一次，且旋转一圈，方向改变的次数正好与磁极数相等。如果指南针经过某极相组时，指针不改变方向，或指向不定，则说明该极相组接反或其中的线圈接反，如图 3-13 所示。如此反复检查，就能找出接错的部位。检查出接错的部位后，将其改接过来即可。

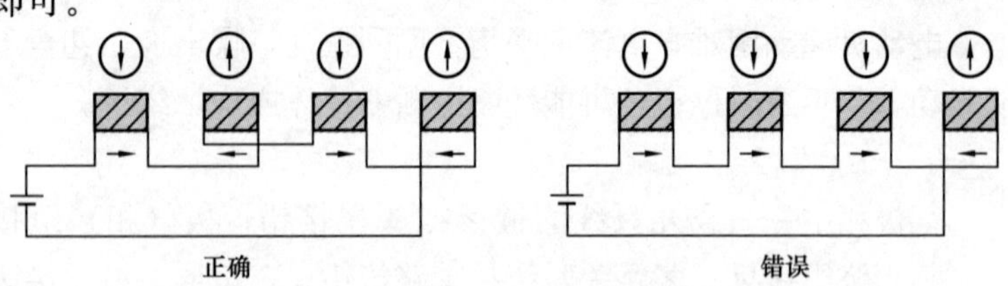

图 3-13 用指南针检查线圈组或线圈接反故障

(3) 滚珠法。若滚珠沿定子内圆周表面旋转滚动，说明正确，否则绕组有接错现象，如图 3-14 所示。

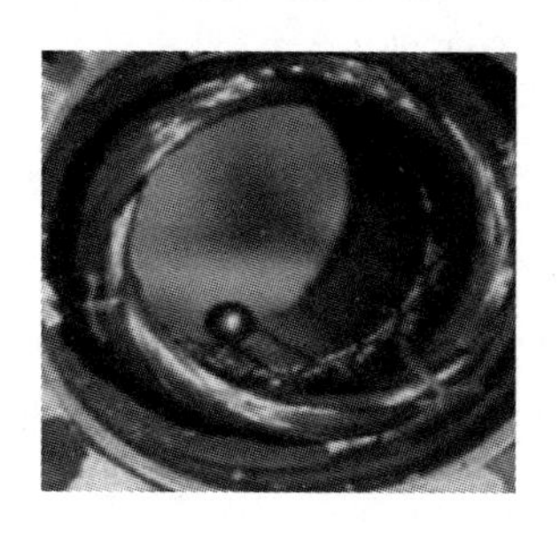

图 3-14 滚珠法

4. 修理方法

(1) 引出线错误的应正确判断首尾后重新连接。

(2) 定子绕组一相接反时，接反的一相电流特别大，可根据这个特点查找故障并进行维修。

(3) 把星形接成三角形或匝数不够，则空载电流大，应更正。

(4) 减压起动接错的应对照接线图或原理图，核对重新接线。

(5) 一个线圈或线圈组接反，则空载电流有较大的不平衡，应进厂返修。

(6) 新电动机下线或重接新绕组后接线错误的，应送厂返修。

二、机械故障检修

(一) 轴承过热

1. 故障原因

(1) 滑脂过多或过少。

(2) 油质不好。

(3) 轴承与轴颈或端盖配合不当（过松或过紧）。

(4) 轴承内孔偏心，与轴相擦。

(5) 电动机端盖或轴承盖未装平。

(6) 电动机与负载间联轴器未校正，或皮带过紧。

(7) 轴承间隙过大或过小。

(8) 电动机轴弯曲。

2. 故障排除

(1) 按规定加润滑脂（容积的 1/3～2/3)。

(2) 更换清洁的润滑脂。

(3) 过松可用黏结剂修复，过紧应车磨轴颈或端盖内孔，使之适合。

(4) 修理轴承盖，消除擦点。

(5) 重新装配。

(6) 重新校正，调整皮带张力。

(7) 更换新轴承。

(8) 校正电动机轴或更换转子。

(二) 运行中电动机振动较大

1. 故障原因

(1) 由于磨损轴承间隙过大。

(2) 气隙不均匀。

(3) 转子不平衡。

(4) 转轴弯曲。

(5) 铁芯变形或松动。

(6) 联轴器（皮带轮）中心未校正。

(7) 风扇不平衡。

(8) 机壳或基础强度不够。

(9) 电动机地脚螺钉松动。

(10) 笼型转子开焊断路，绕线转子断路，定子绕组故障。

2. 故障排除

(1) 检修轴承，必要时更换。

(2) 调整气隙，使之均匀。

(3) 校正转子动平衡。

（4）校直转轴。

（5）校正重叠铁芯。

（6）重新校正联轴器（皮带轮）中心。

（7）检修风扇，校正平衡，纠正其几何形状。

（8）进行加固。

（9）紧固地脚螺丝。

（10）修复转子绕组和定子绕组。

【技能训练3】三相交流异步电动机的修复试验

一、测量直流电阻

测定直流电阻主要是为了检验电动机三相绕组直流电阻的对称性，即三相绕组直流电阻值的平衡程度，要求误差不超过平均值的5%。由于绕组接线错误、焊接不良、导线绝缘层损坏或线圈匝数有误差，都会造成三相绕组的直流电阻不平衡。

根据电动机功率的大小，绕组的直流电阻可分为高电阻与低电阻，电阻在10Ω以上的为高电阻，在10Ω以下的为低电阻。其测量方法如下：

1. 高电阻的测量

将万用表的转换开关置于$R\times1$挡，如图3-15（a）所示，在电动机接线盒中，取下全部连接铜片，依次测量U、V、W的直流电阻。若阻值小，为正常现象；若阻值为0，说明绕阻内部短路；若阻值为∞，说明绕阻内部开路。或通以直流电测出电流I和电压U，再按欧姆定律计算出直流电阻。

2. 低电阻的测量

用精度较高的电桥测量，应测量三次，取其平均值，如图3-15（b）所示。

二、测量绝缘电阻

（1）检测前应检验绝缘电阻表的好坏。将绝缘电阻表水平放置，空摇绝缘电阻表，指针应该指到∞处，再慢慢摇动手柄，使L和E两接线柱输出线瞬时短接，指针应迅速指零。注意在摇动

(a)

(b)

图 3-15　测量直流电阻

(a) 万用表；(b) 直流电桥

手柄时不得让 L 和 E 短接时间过长，否则将损坏绝缘电阻表。

（2）测量对地绝缘电阻。拆去接线盒中三相绕阻全部连接铜片，将绝缘电阻表的接地端 E 接在电动机外壳或机座上，线路端 L 分别接电动机绕组的任一接线端，然后以 120r/min 匀速摇绝缘电阻表的手柄，表针稳定后读数，该数值即为所测绕组的对地绝缘电阻值，如图 3-16 所示。

图 3-16　测量对地绝缘电阻

（3）测量相间绝缘电阻。先将三相绕组的 6 个端头分出 U、V、W 三相的 3 对端头，再把绝缘电阻表 E（地）端接其中一相，L（线）端接在另一相上，以 120r/min 的转速均匀摇动 1min（转速允许误差±20%），随之读取绝缘电阻表指示的绝缘电阻值。用此法测三次，就测出 U－V、V－W、W－U 之间的相间绝缘电阻值。

(4) 低压电动机通常采用 500V 绝缘电阻表，要求对地绝缘电阻和相间绝缘电阻都不能小于 5MΩ。若绝缘电阻值偏小，说明绝缘不良，通常是槽绝缘在槽端伸出槽口部分破损或未伸出槽口，使导线与铁芯相碰所致。处理方法是在槽口端找出故障点，并以衬垫绝缘纸来消除故障点。如果没有破损仍低于此值，则必须经干燥处理后才能进行耐压试验。

三、耐压试验

耐压试验用以检验电动机的绝缘和嵌线质量。通过耐压试验可以准确地发现绝缘的缺陷，以免在运行中造成绝缘击穿故障，并可确保电动机的使用寿命。

1. 耐压试验的做法

要在专用的试验台上进行，每一个绕组都应轮流对机座做绝缘试验，此时试验电源的一极接在被试绕组的引出线端，而另一极则接在电动机的接地机座上。在试验一个绕组时，其他绕组在电气上都应与接地机座相连接。

2. 耐压试验的标准

在绕组对机座及绕组各相之间施加一定值的 50Hz 交流电压，历时 1min 而无击穿现象为合格。

进行耐压试验时，必须注意安全，防止触电事故发生。

四、空载试验

在电动机接线盒上给定子绕组接三相对称的额定电压，电动机轴上不带任何机械负载，空转 30min。用同一钳形电流表分别测三相绕组定子电流值。测得各相电流与三相平均电流之差应小于 10%，如果空载电流过大或过小，根据修理经验可以相应地调整定子绕组的匝数，增加绕组的匝数可以降低空载电流，反之减少绕组的匝数可以提高空载电流。如果某相超过三相平均值 20%以上，则表明该相绕组有匝间短路或轻微接地。

单相异步电动机的拆装与检修技能训练

【必备知识】单相异步电动机的基本知识

单相异步电动机是利用单相交流电源供电的一种小容量交流电动机，其结构简单、成本低廉、运行可靠、维修方便，可以直接接在单相220V交流电源上，因此被广泛应用于没有三相交流电源的场所，如用于各种日用电器和办公用电器中，如台扇、吊扇、洗衣机、电冰箱、吸尘器、小型鼓风机、小型机床和医疗器械等。常见的单相异步电动机如图4-1所示。

图4-1 常见的单相异步电动机

一、单相异步电动机的结构

单相异步电动机的结构和三相笼型异步电动机基本相同，定子由铁芯和绕组组成，铁芯由0.5mm厚的硅钢片叠压而成，绕组嵌装在定子槽内，通常分为主绕组和副绕组，主绕组又称为工作绕组，副绕组又称为起动绕组或辅助绕组。转子也是由铁芯和绕组组成，其中铁芯也由 0.5mm 的硅钢片叠压而成，绕组通常为铸铝笼型。

单相异步电动机根据起动方法或运行方式的不同可以分为电阻起动单相异步电动机、电容起动单相异步电动机、电容运转单相异步电动机、电容起动和运转单相异步电动机、罩极式单相异步电动机。

1. 电阻起动单相异步电动机

电阻起动单相异步电动机的起动转矩小、起动电流大，常用于小型鼓风机、研磨搅拌机、小型钻床、医疗器械、电冰箱等。其主要部件有机壳、定子、转子、端盖和离心开关等。

(1) 定子。电阻起动单相异步电动机的定子铁芯由冲有很多槽的硅钢片叠压而成，定子铁芯槽内嵌有两组绕组，即起动绕组和工作绕组。如图 4－2 所示，在定子上嵌有两个空间相差 90°的单相绕组，即主绕组 U1U2（工作绕组）和辅助绕组 Z1Z2（起动绕组），它们接在同一单相电源上。静止或转速较低时，装在电动机后端盖上的离心开关 S 处于闭合状态；转速达到一定值时，S 自动断开。

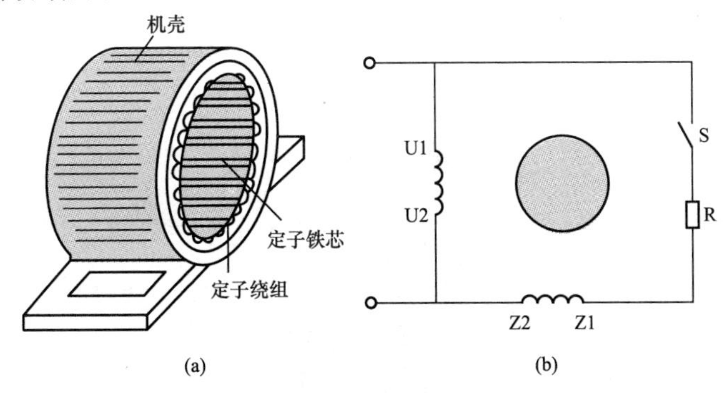

图 4－2　电阻起动单相异步电动机

(a) 定子；(b) 接线图

（2）转子。转子由转轴、转子铁芯以及笼导条组成，如图 4 - 3 所示。电阻起动单相异步电动机的笼型转子大多采用斜槽式，笼导条两端一般斜过一个定子齿距，这主要是为了改善电动机的起动性能。

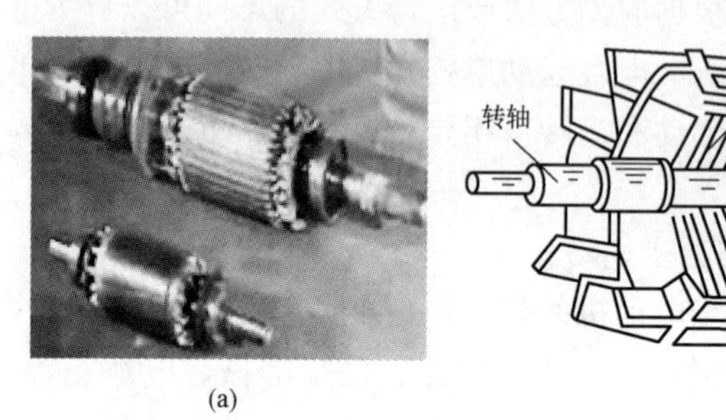
(a)

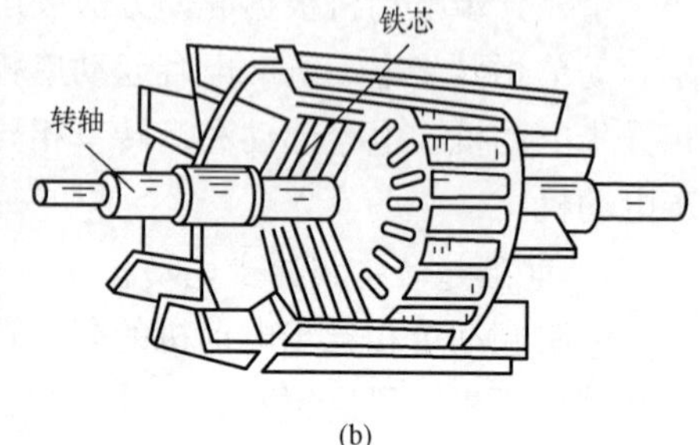

(b)

图 4 - 3　笼型转子
(a) 转子外形；(b) 转子结构

（3）端盖。电抗分相式电动机的端盖与三相异步电动机相同。

（4）离心开关。离心开关是一种常用起动制动装置，装在电动机的端盖里，由静止和转动两部分构成。较常用的 U 形夹片式离心开关的静止部分由 U 形磷铜夹片和绝缘接线板组成，还有一对动触头和静触头用于分断电路，其转动部分则装在转轴上。U 形夹片式离心开关如图 4 - 4 所示。

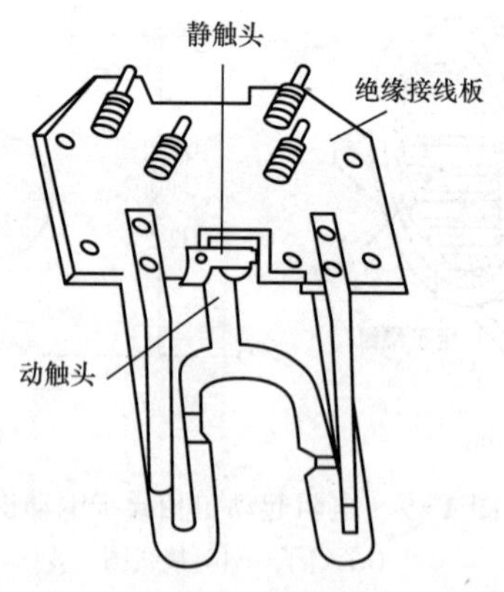

图 4 - 4　U 形夹片式离心开关

还有一种指形触头式离心开关，其静止部分由两个半铜环组成，转动部分则是三个指形的铜触头，在电动机不转时夹住铜环。当电动机转速升到额定转速的75%时，在离心力的作用下指形触头和铜环脱离，自动切断电源，如图4-5所示。

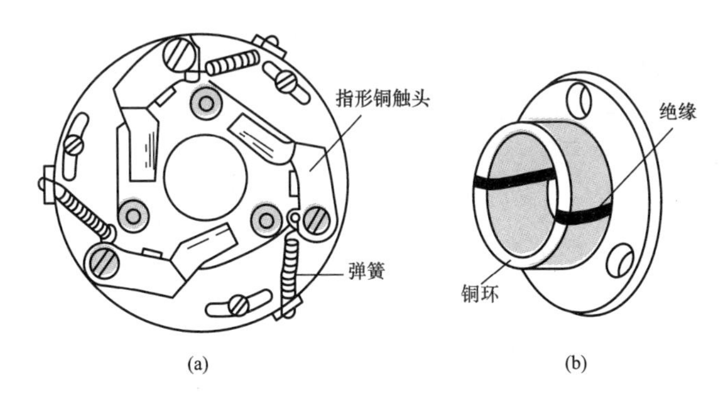

图4-5 指形触头式离心开关
(a) 转动部分；(b) 静止部分

2. 电容起动单相异步电动机

电容起动单相异步电动机的结构与电阻起动单相异步电动机相似，主要有定子、笼型转子、机壳和前后端盖、离心开关、电容器，如图4-6所示。

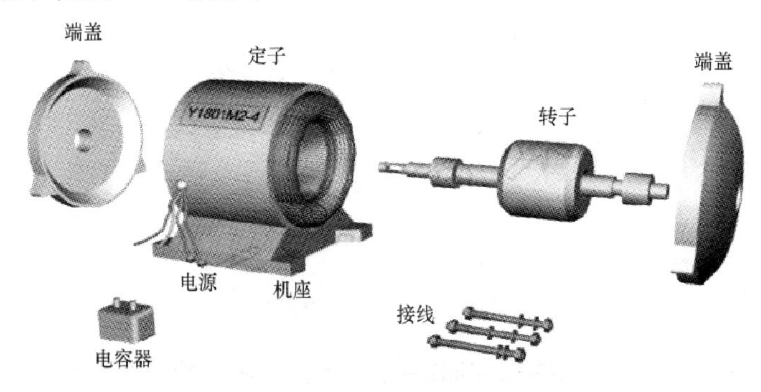

图4-6 电容起动单相异步电动机的结构示意图

电容起动单相异步电动机起动转矩较大，应用范围很广，其结构简单、使用维护方便，常用于电冰箱、洗衣机、冷冻机及小型水泵等。

与电阻起动单相异步电动机不同之处是起动绕组中串的是电容器，电容器通常装在电动机的上部，如图 4-7 所示。

3. 电容运转单相异步电动机

电容运转单相异步电动机是在起动绕组中串起动电容器，起动绕组参与运转，如图 4-8 所示。

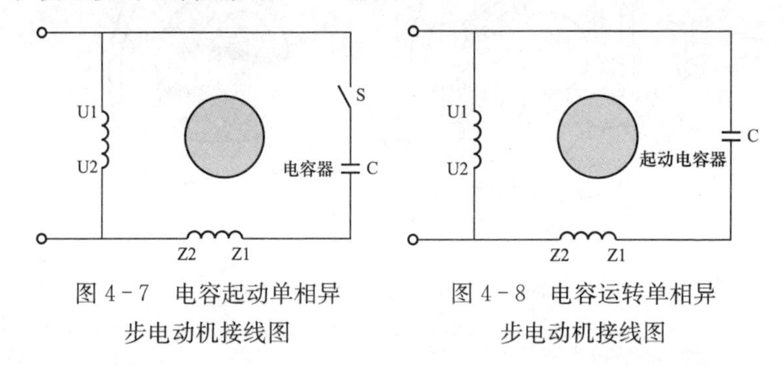

图 4-7　电容起动单相异步电动机接线图

图 4-8　电容运转单相异步电动机接线图

图 4-9 和图 4-10 所示分别为常用的电容运转式台扇电动机与电容运转式吊扇电动机的结构图。

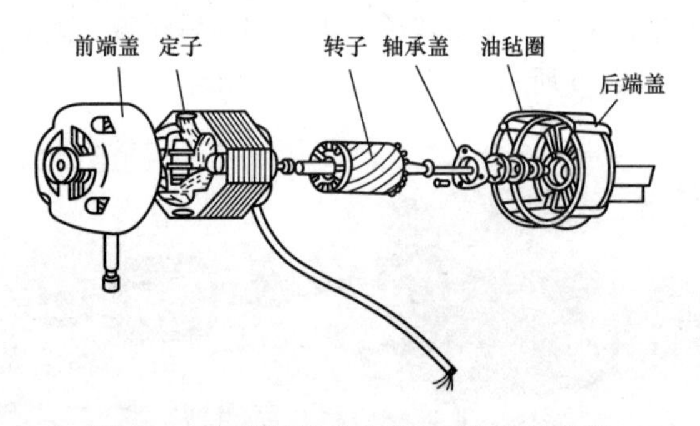

图 4-9　电容运转式台扇电动机的结构图

电容器是用来移相和储能的。电容运转单相异步电动机一般容量较小，起动性能差，常用于电风扇、排气扇、电冰箱、洗衣机、空调器等。

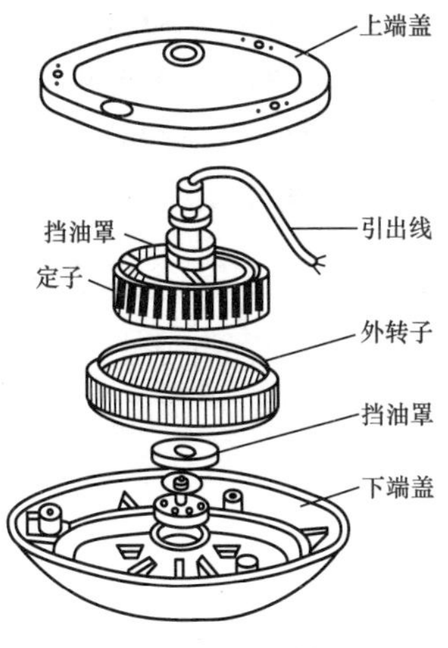

图 4-10 电容运转式吊扇电动机的结构图

4. 电容起动和运转单相异步电动机

为了获得较大的起动转矩及较好的运行特性，在电容运转单相异步电动机的基础上可以增加一套起动装置和一只容量较大的起动电容，在起动时接入电路，起动后起动电容器自动切除，而让运转电容器仍接在电路内，如图 4-11 所示。电容起动和运转单相异步电动机也称为双值电容单相电动机，常用于电冰箱、水泵、小型机床等。

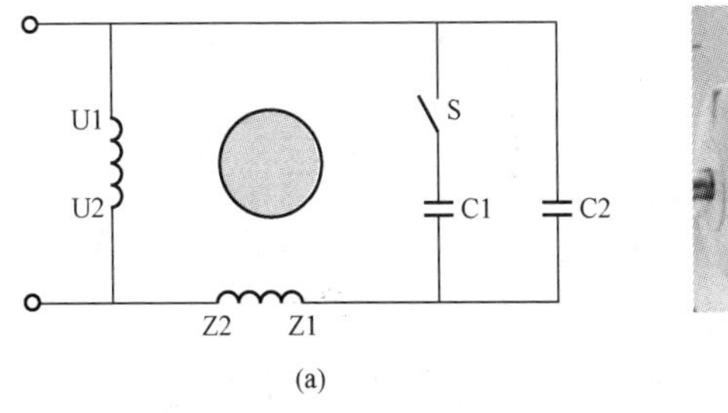

(a)

(b)

图 4-11 电容起动和运转单相异步电动机
(a) 接线图；(b) 实物图

电容器—变压器组合单相电动机接线图如图 4-12 所示。电容器跨接于自耦变压器升压端，当电动机起动时，电容器呈现的等效电容量是随电压的平方关系递增的，因而它的容量可增至原来的 4～9 倍；起动后，电容器则恢复到正常的容量并投入运行。

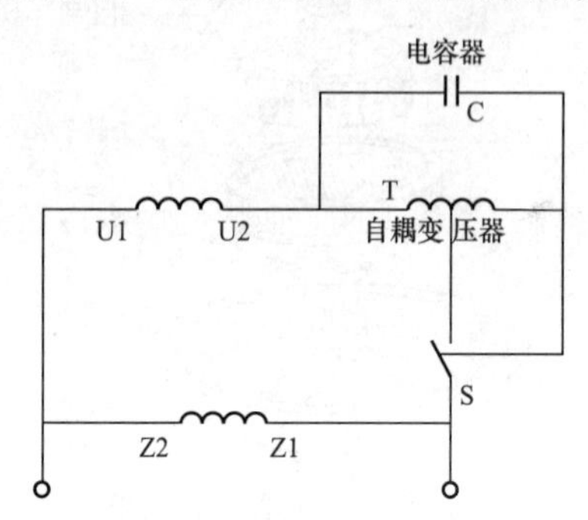

图 4-12　电容器—变压器组合单相电动机接线示意图

5. 罩极式单相异步电动机

罩极式单相异步电动机的容量很小，起动转矩也小，其主要优点是结构简单、制造方便、成本低、运行噪声小、维护方便，主要缺点是起动性能及运行性较差、效率和功率因数较低，主要用于小功率空载起动的场合，如风扇、仪器仪表中。

罩极式单相异步电动机的主要部件包括定子、笼型转子、端盖和外壳等，如图 4-13 所示。其中，定子铁芯由硅钢片叠压而成，有凸出的磁极，磁极上绕有工作绕组，在磁极的一边还嵌有一只电阻很小的短路绕组（或短路环）。端盖的一端通常与电动机的机壳浇铸在一起，另一端为拆卸式，这主要是为了减小拆装过程对转子与定子的定位影响，端盖中装有滚珠轴承或球形含油轴承。在罩极式单相异步电动机中，起动绕组就是嵌在每一磁极一边的一个短路绕组或短路环。

罩极式单相异步电动机有 2、4、6、8 极，相邻磁极的极性相反。若要改变电动机转向，需拆下定子将磁极反置，如图 4-14 所示。

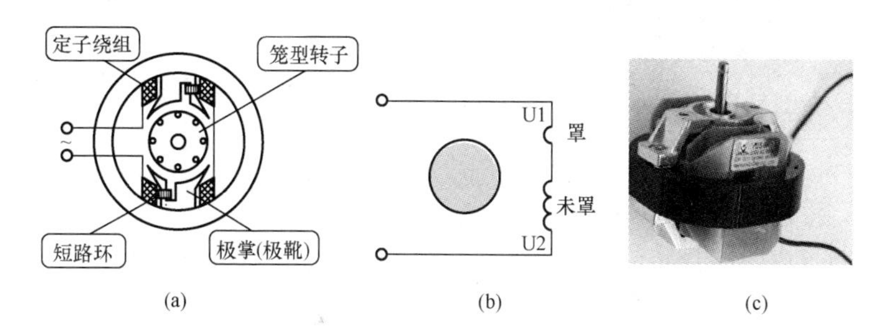

图 4-13 罩极式单相异步电动机

(a) 结构示意图；(b) 接线图；(c) 实物图

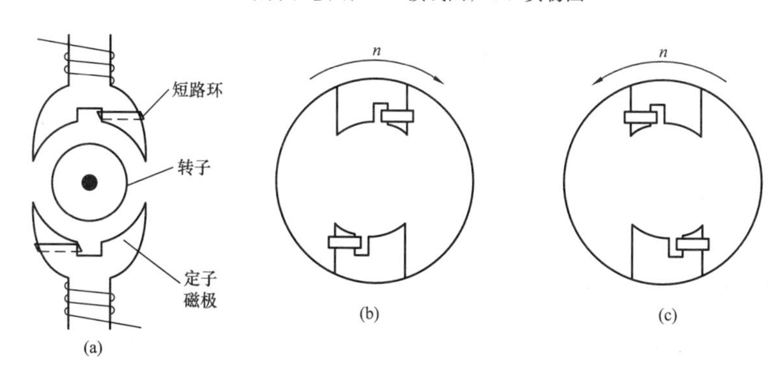

图 4-14 定子磁极反置前后示意图

(a) 结构图；(b) 定子磁极反置前；(c) 定子磁极反置后

二、单相异步电动机的铭牌及含义

单相异步电动机的铭牌如图 4-15 所示。

单相电容运行异步电动机			
型号	DO2-6314	电流	0.94A
电压	220V	转速	1400r/min
频率	50Hz	工作方式	连续
功率	90W	标准号	
编号、出厂日期××××		××××电机厂	

图 4-15 单相异步电动机的铭牌

1. 型号

型号DO2－6314的含义如图4－16所示。

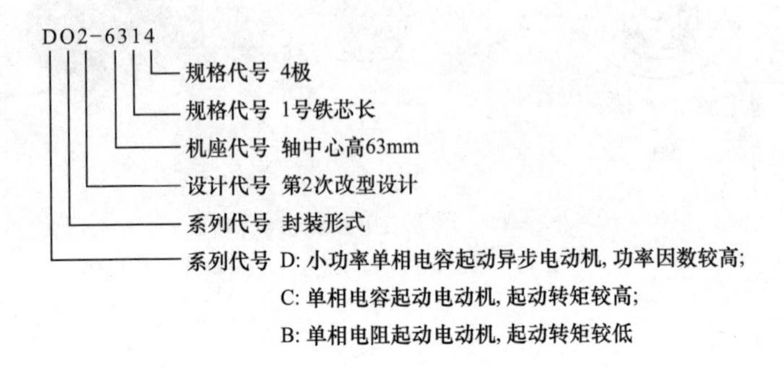

图4－16　型号DO2－6314的含义

2. 电压

电压是指电动机在额定状态下运行时加在定子绕组上的电压，单位为V。我国单相异步电动机的标准电压有12、24、36、42、220V。

3. 频率

频率是指加在电动机上的交流电源的频率，单位为Hz。

4. 功率

功率是指单相异步电动机轴上输出的机械功率，单位为W。

铭牌上的功率是指单动机在额定电压、额定频率、额定转速下运行时输出的功率，即额定功率。

5. 电流

电流是指电动机在额定电压、额定功率、额定转速下运行时流过定子绕组的电流值，即额定电流，单位为A。电动机在长期运行时不能超过该值。

6. 转速

转速是指电动机在额定状态下的转速，即额定转速，单位为r/min。

7. 工作方式

工作方式是指电动机的工作是连续式还是间断式。

【技能训练1】单相异步电动机的拆装

一、单相异步电动机的拆卸

1. 拆卸前的准备工作

(1) 选择合适的拆卸电动机的地点，并清理现场环境。

(2) 熟悉电动机结构特点和检修技术要求，准备好拆卸电动机所需要的电工工具及拉马等拆卸工具。

(3) 在拆卸前要用压缩空气吹净电动机表面的灰尘，并将电动机表面擦拭干净。

(4) 在端盖、轴、螺钉、接线桩等零件上做好标记，以便于装配。

(5) 用绝缘电阻表测量电动机绝缘电阻，以便在装配后进行比较。

2. 拆卸步骤

(1) 断电、做好标记。

1) 切断电源。

2) 对电源接头线做好绝缘处理，如图4-17所示。

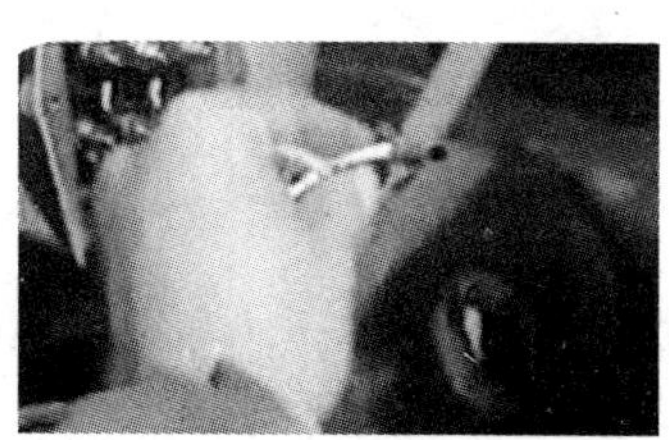

图4-17 处理线头

3) 做好与电源对应的标记。

(2) 拆卸皮带及底座。

1) 脱开皮带或联轴器，如图4-18所示。

2) 松掉地脚螺钉，如图4-19所示。

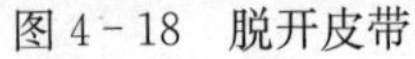

图 4－18　脱开皮带

图 4－19　松掉螺钉

(3) 拆卸皮带轮或联轴器。

1) 在皮带轮或联轴器的轴伸端做好定位标记。

2) 将皮带轮的定位螺钉或销子取下。

3) 用专用拉具（拉马）转动丝杆将皮带轮或联轴器慢慢拉出，如图 4－20 所示。

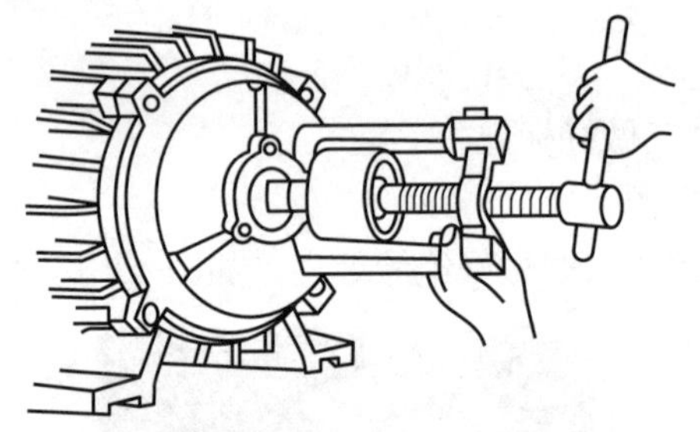

图 4－20　拉马的使用

拉时要注意皮带轮或联轴器受力情况。务必使合力沿轴线方向。拉具顶端不得损坏转子轴端中心孔。

(4) 拆卸风罩、风扇。

1) 封闭式电动机拆卸皮带轮后，可松开风罩螺栓取下风罩。

2) 取下风扇上销子后再取下风扇。

(5) 拆卸轴承盖紧固螺钉。

1) 松开轴承外盖螺栓，拆下轴承外盖。

2) 在端盖与机座接缝处做好标记，然后取下端盖。

(6) 拆卸转子和后盖，如图 4-21 所示。

1) 用木板或铜板、铝板垫在转轴前端。

2) 用榔头将转子和后盖从机座敲出。

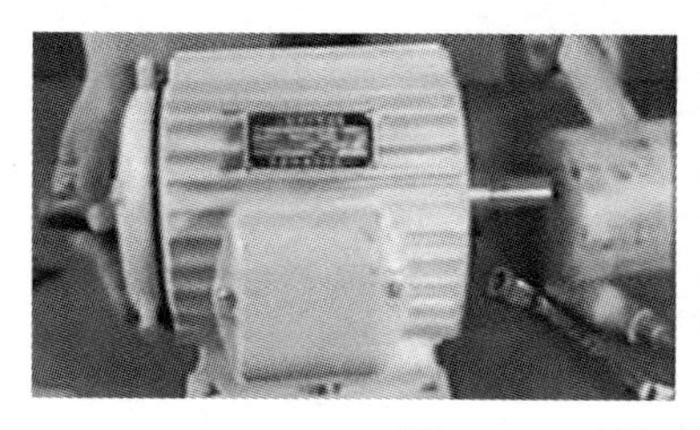

图 4-21 拆卸转子和后盖

对于轴承的拆卸，可以用以下方法进行：用拉具拆卸；用铜棒拆卸；用两块厚钢板拆卸；加热拆卸（用 100℃左右的机油淋浇在轴承内圈上再用上述方法拆卸）；在端盖内拆卸，如图 4-22 所示。

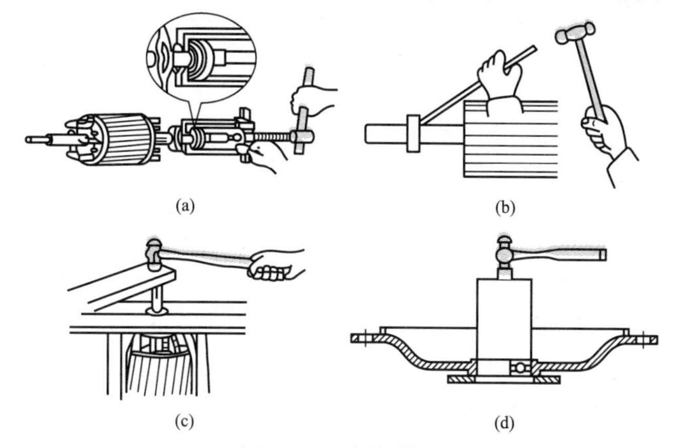

图 4-22 拆卸轴承

(a) 用拉具拆卸；(b) 用铜棒拆卸；(c) 用两块厚钢板拆卸；(d) 在端盖内拆卸

(7) 从定子中取出或吊出转子。

用手托住后盖，轻轻抽出转子。抽出转子时应小心缓慢，防止碰伤定子绕组。

(8) 拆卸定子铁芯和绕组。

1) 敲打定子铁芯法。敲打定子铁芯法示意图如图 4-23 所示。

2）撞击法。将定子铁芯及前端盖组件倒放在一个圆筒上，用双手将该组件与圆筒合抱在一起撞击，依靠定子铁芯及绕组的重量，使其与前端盖脱离，如图 4-24 所示。

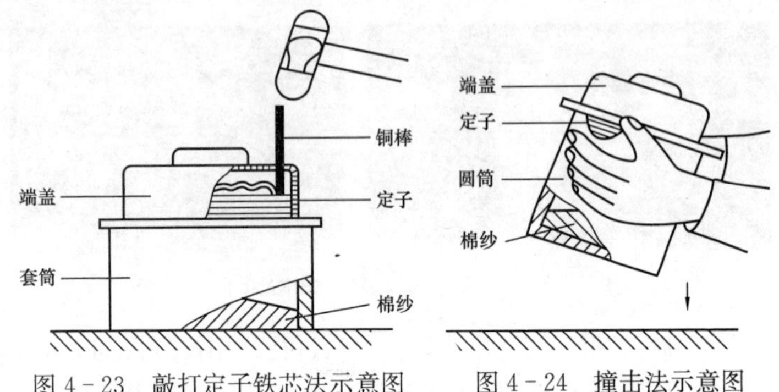

图 4-23　敲打定子铁芯法示意图　　　图 4-24　撞击法示意图

3）敲打端盖法。将定子铁芯伸出端盖的部分用台虎钳夹紧，随后用铜棒敲击端盖的边缘，使端盖与定子铁芯脱离，注意不能损伤端盖。

3. 拆卸时的注意事项

(1) 电动机的零部件集中放置，妥善保管，以防丢失和损坏。

(2) 拆移电动机后，电动机底座垫片要按原位摆放固定好，以免增加工作量。

(3) 拆卸转子时，一定要牢记拆卸要点，不得损伤绕组，拆卸前均应测试绕组绝缘及绕组通路。

(4) 拆卸时不能用手锤直接敲击零件，应垫铜、铝棒或硬木，对称敲打。

(5) 装端盖前应用粗铜丝，从轴承装配孔伸入钩住内轴承盖，以便于装配外轴承盖。

(6) 电动机使用过久或长期不用必须更换相同规格的电容器，否则会影响电动机的正常工作。

二、单相异步电动机的安装

电动机的安装顺序按拆卸时的逆顺序进行。

1. 安装前的准备工作

(1) 认真检查装配的工具，清理现场。

(2) 认真清扫定、转子内部表面的尘垢，然后用汽油蘸湿的棉布擦拭，注意所用汽油不能太多，以避免损坏定子绕组的绝缘。

(3) 检查止口处和其他空隙有无杂物和漆瘤，如有必须清理干净。

(4) 检查槽楔、绑扎带、绝缘材料是否松动脱落，有无高出定子铁芯内表面的地方，如有应清除掉。

(5) 检查绕组的冷态直流电阻、绕组对地绝缘电阻和绕组间绝缘电阻是否符合要求。

2. 安装步骤

(1) 安装滚动轴承。

1) 将轴承和轴承盖用煤油清洗。

2) 检查轴承及内处轴承环有无裂纹。

3) 旋转轴承外圈观察是否灵活，如遇卡住或过松，要用塞尺检查轴承磨损情况，再检查润滑油情况，在轴承中按其总容量的 1/3～2/3 加注润滑油。

4) 为使轴承内圈均匀受力，应用一根内径略大于转轴内径而外径略小于轴承内圈直径的钢管，使其顶住轴承内圈，在钢管的另一侧垫一厚钢板，用铁锤敲打厚钢板，将轴承安装到位。若没有合适的钢管，也可用一扁铲形的铜棒，以一定的角度顶住轴承内圈，用铁锤敲打铜棒的另一端，将轴承安装到位。

(2) 安装后端盖，如图 4-25 所示。

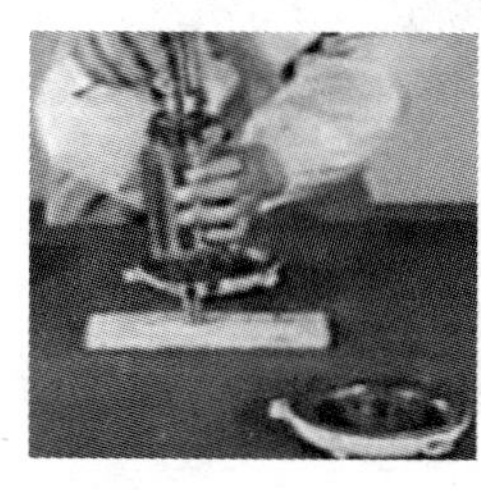

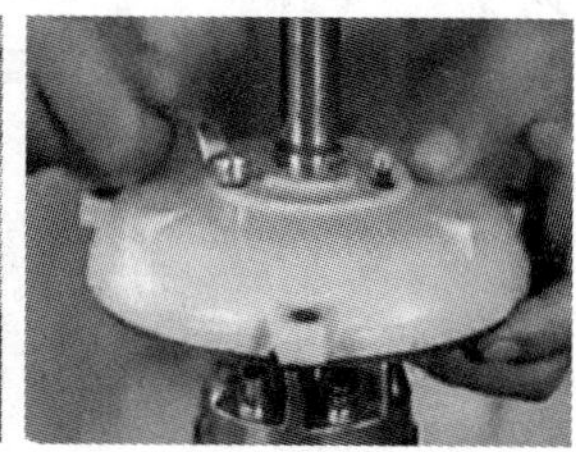

图 4-25　安装后端盖

1）将轴伸端朝下垂直放置，在其端面垫上木板。

2）将后端盖在后轴承上，用木槌敲入。

3）安装轴承外端盖，紧固螺栓时要轮换着逐步拧紧。

（3）安装转子，如图4－26所示。

1）清理定子及线圈。

2）把转子对准定子孔中心小心地放送，后端盖要对准机座的标记。

3）旋上后端盖螺栓，但不要拧紧。

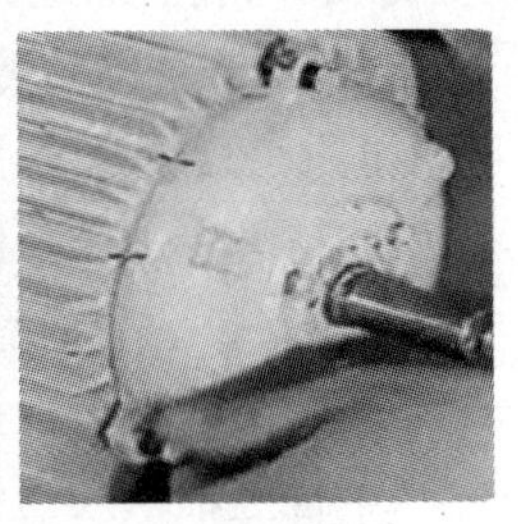

图4－26　安装转子

（4）安装前端盖，如图4－27所示。

1）将前端盖对准机座的标记，用木槌均匀敲击端盖四周。

2）均匀用力拧紧前后端盖的紧固螺栓。

3）安装前轴承外端盖。

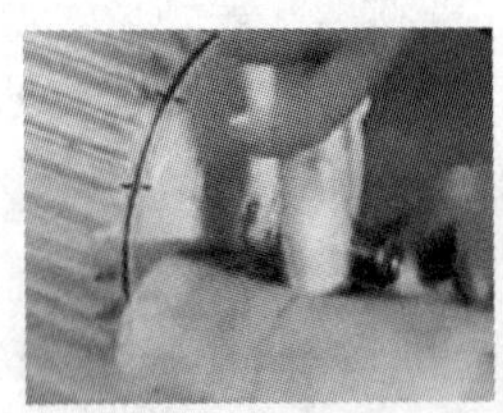
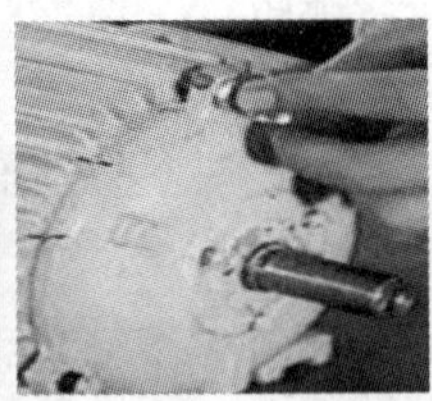
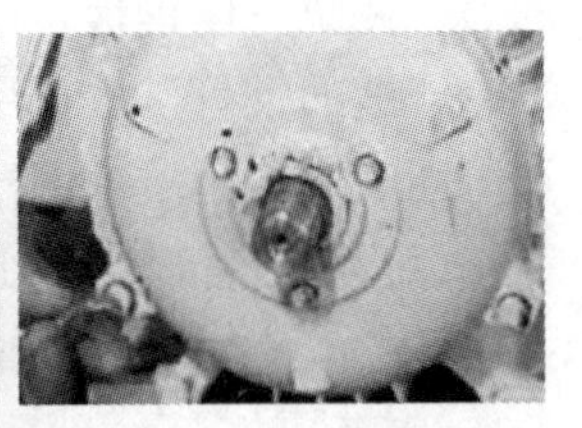

图4－27　安装前端盖

（5）安装风扇叶和风罩，如图4－28所示。

（6）安装皮带轮。对准键槽或紧定螺孔，在皮带轮的端面垫上木板用手锤打入。

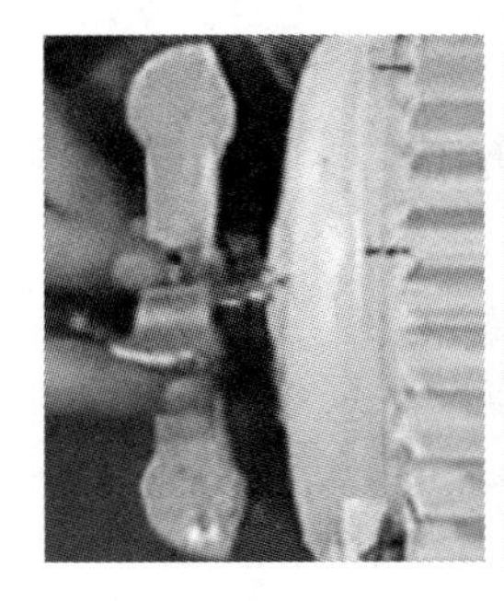
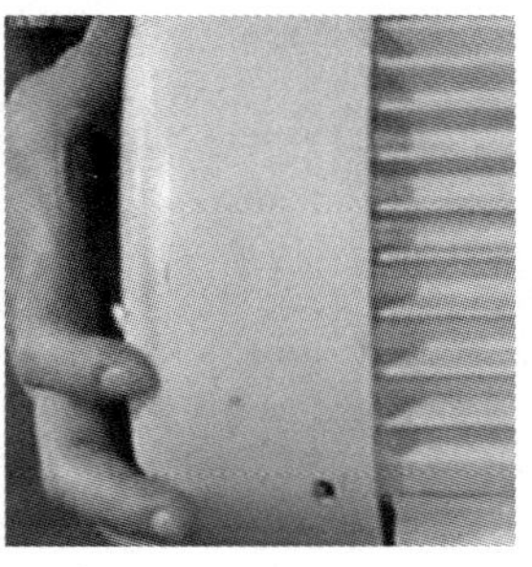

图 4-28　安装风扇叶和风罩

【技能训练 2】单相异步电动机的常见故障与检修

一、绕组接地故障的检测

绕组接地俗称碰壳。当发生绕组接地故障时电动机起动不正常，机壳带电，用绝缘电阻表测量时绝缘电阻为零。

1. 故障原因

(1) 绕组受潮。

(2) 绝缘热老化。

(3) 绕组制造工艺低劣。

(4) 导线与铁芯相接触。

(5) 嵌线前槽内未清理干净。

(6) 轴承磨损造成转子扫膛。

(7) 线模过大导致线圈端部过长而接地。

(8) 绕组端部绑扎不良，使绝缘层磨损或折断。

2. 检测方法

绕组接地故障常用绝缘电阻表来检测，检测前先按电动机的额定电压选好仪表，再按正确的方法检查绝缘电阻表是否可用。

用绝缘电阻表测定绕组的绝缘电阻时，要注意把表上 L 接线柱的鳄鱼夹夹在绕组导体上，表上 E 接线柱对应鳄鱼夹夹在电动机外壳上无油漆的部位。若测得绝缘电阻为零则说明有对地短路。

没有绝缘电阻表时，也可用万用表 $R\times10$k 挡来判定绕组有无对地短路。

3. 维修方法

若绕组接地故障程度较轻，又便于查找时，可以进行局部维修。如果接地点在槽口等易见处，可将绝缘垫片或天然云母片插入铁芯与线圈之间，涂以绝缘漆，用绝缘带包扎好即可。如果接地点在槽内绕组上层边，则需打出槽楔，修补槽绝缘，或将线匝翻出槽外处理。若接地点在绕组下层边，则需抬出一个节距的线圈边。此时应将绕组加热软化，操作时要小心，处理完毕嵌入所有抬出槽外的线圈边，打入槽楔，焊好连接线，然后用绝缘电阻表等检查故障是否消除。

二、绕组短路故障的检测

1. 故障原因

(1) 定子绕组受潮严重导致线圈匝间绝缘性能降低，绕组在通电时绝缘击穿造成短路。

(2) 电动机长期使用绝缘老化失效而造成短路。

(3) 制造工艺差，在制造、修理过程中，嵌线碰伤了导线间绝缘。

2. 检测方法

(1) 目测外观，仔细查看定子绕组有无黑色或黑褐色的烧焦点，该焦点可能就是短路点。

(2) 用万用表确定主绕组、副绕组中是哪套绕组短路，然后测量该套绕组各极相组的电阻值，当其阻值明显比其他极相组小时，即可能为短路线圈。

3. 维修方法

当短路点在槽外且不严重时，可将线匝撬开，在损坏处涂以绝缘漆，用绝缘带包扎好即可。对于短路点在槽内的线圈，常采用线圈翻出修理法。

首先将短路槽的槽楔取出，然后换上新的槽绝缘纸，将导线的短路部位用绝缘等级相同的绝缘材料包好，再重新嵌入槽内。若短路严重，则应换上一只新的线圈。

三、绕组断路故障的检测

1. 故障原因

(1) 引线接头焊接不牢，在运行时过热烧断。

(2) 绕组由于受机械碰撞，严重短路使线圈产生断路故障。

(3) 制造或修理工艺不良，导线经多次弯折受损，当电动机运行后导线因振动或过热而断开。

2. 检测方法

将万用表拨至欧姆挡，用万用表的一只表笔接在绕组的公共引出线上，另一只表笔接在主绕组或副绕组的引出线上。当主、副绕组之间电阻为∞时，说明绕组存在断路；当副绕组与公共端之间电阻为∞时，则说明副绕组断路；当主绕组与公共端之间电阻为∞时，则说明主绕组断路。

3. 维修方法

断路点在端部、接头等处，可将其重新接好焊牢，包好绝缘并涂上漆即可。如果槽内线圈断线，则取出槽楔，翻出断线的线圈，然后进行焊接，并包扎好绝缘后再嵌回原线槽。

四、端盖变形故障的检测

1. 故障原因

端盖的常见故障是变形，致使配合口不正，造成电动机转子与定子的气隙不均匀，甚至转子与定子相碰擦。特别是铁板冲制的端盖，容易产生此故障。

2. 维修方法

如果端盖变形轻微，可以将端盖垫在木块上，用木槌轻敲整形，使之恢复原样。注意切忌用力敲打，以免破裂。如果端盖变形严重，应予以更换。

【技能训练3】电风扇的拆装

一、台式电风扇的拆装

1. 台式电风扇的结构

电风扇多采用电容运转单相异步电动机，如图4-29所示。台式电风扇的结构大体上可分为电动机、扇叶、网罩、摆头机构、控制与调速电器和底座六个部分。摆头机构包括减速箱、摇摆连杆、控制装置等，减速箱通过蜗杆、蜗轮和齿轮的传动，将电动机约1200～1300r/min的转速减至风扇摆头约每分钟4～8次。台式电风扇的外形和结构如图4-30所示。落地扇、壁扇的结构与台式电风扇大致相同。

图4-29　电风扇的电动机

2. 台式电风扇的拆卸

(1) 把台扇置于工作台上，找出网罩卡箍的锁紧螺栓，用旋具旋松（不要旋出）螺栓至刚好能把网罩的前后两半分离的位置，取下前网罩。

(2) 旋下（注意方向）扇叶的锁紧帽，沿电动机轴向外缓慢拉出扇叶（不要用力过猛）。

(3) 旋下（主意方向）后网罩的锁紧帽，轻轻取下后网罩。

(4) 仔细观察电动机外壳前盖后壳的结合部，找出其卡扣（一般都是凸起倒刺结构），用拇指、食指轻巧按压其卡扣，脱出后壳，再用旋具旋下前盖的紧固螺栓，取下前盖。

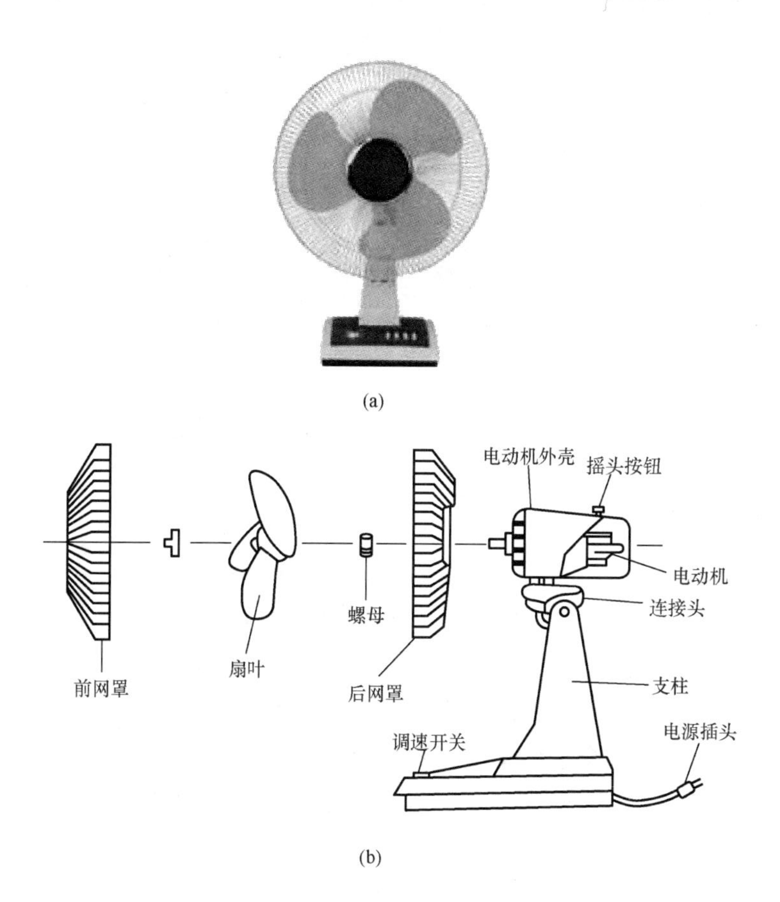

图 4-30 台式电风扇的外形和结构
(a) 外形；(b) 结构

(5) 把台扇的剩下部分放倒在工作台上，观察底座底部结构，用旋具旋出紧固螺钉，取下底盖。

3. 台式电风扇的安装

按照拆卸步骤的逆顺序，一步一步地重新安装所有零件，完成后进行检测。最后通电观察有无异常情况（不转、异响等）发生，若台扇运行正常，则完成任务；若有异常，则返回检查，直至排除故障为止。

二、吊扇的拆装

1. 吊扇的结构

吊扇的结构主要由悬吊装置、扇头和扇叶等组成，如图 4 - 31 所示。

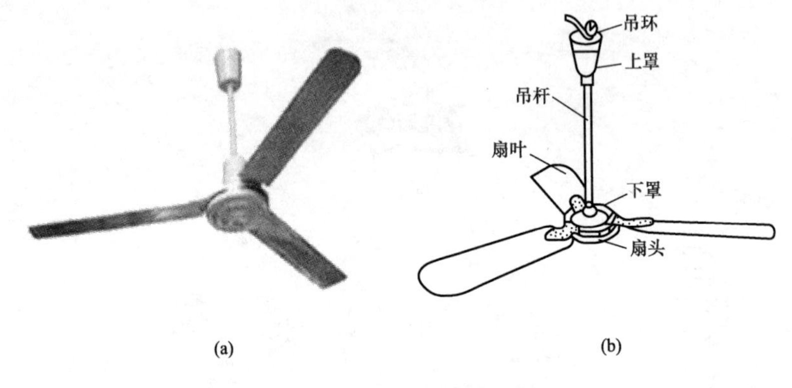

(a)　　(b)

图 4 - 31　吊扇的外形和结构

(a) 外形；(b) 结构

(1) 悬吊装置包括吊杆、吊环、减振件和上、下端盖等，其作用是将风扇悬吊在天花板或横梁上。

(2) 扇头主要包括电动机、上下端盖和轴承。吊扇电动机的定子与转子的相互位置与一般电动机不同。一般电动机是转子在定子中间，而吊扇电动机则是定子在转子中间，转子绕定子旋转。

(3) 扇叶一般有三片，均匀地装在转子壳上，由转子带动旋转。

2. 吊扇的拆卸

(1) 拆卸吊环、电容、上下罩盖、吊竿。

(2) 把吊扇置于工作台上，用旋具旋松螺栓去除扇叶，仅保留扇头。

(3) 旋下上盖螺栓，取下上盖。

(4) 拆卸轴承，取出定子及铁氧体。

3. 吊扇的安装

按照拆卸步骤的逆顺序，一步一步地重新安装所有零件，完成后进行检测。最后通电观察有无异常情况（不转、异响等）发生，若吊扇运行正常，则完成任务；若有异常，则返回检查，直至排除故障为止。

直流电动机的拆装与检修技能训练

【必备知识】直流电动机的基本知识

直流电机是指能将直流电能转换成机械能（直流电动机）或将机械能转换成直流电能（直流发电机）的旋转电机。

直流电动机和交流电动机相比较，具有良好的起动性能，起动转矩较大，能在较宽的范围内进行平滑的无级调速，易于控制，可靠性较高，适应于频繁起动。调速性能要求较高的生产机械（如刨床、镗床、轧钢机等）或需要较大启动转矩的生产机械（如起重机械、电力牵引等）往往采用大型直流电动机驱动。在自动控制系统和家用电器中，如录音机、录像机、电动剃须刀等都采用小型直流电动机。

直流发电机一般作为直流电源，应用广泛。

下面以直流电动机为例进行介绍。

一、直流电动机的分类

根据定子磁场的不同，直流电动机主要可分为永磁式和励磁（电磁）式两大类，永磁式可分为有（电）刷和无（电）刷两类，而励磁式又可分串励式、并励式、复励式和他励式四类，如图 5－1所示。

二、直流电动机的结构

和交流电动机一样，直流电动机的基本结构也是由定子、转子和结构件（端盖、轴承等）三大部分所组成。直流电动机还设有电刷等装置。另外，直流电动机的定子和转子结构也与三相和单相异步电动机有较大区别。直流电动机的基本结构示意图如图 5－2所示。

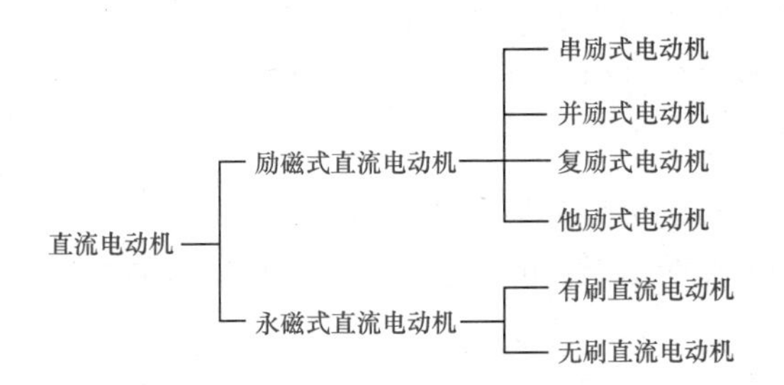

图 5－1　直流电动机的分类

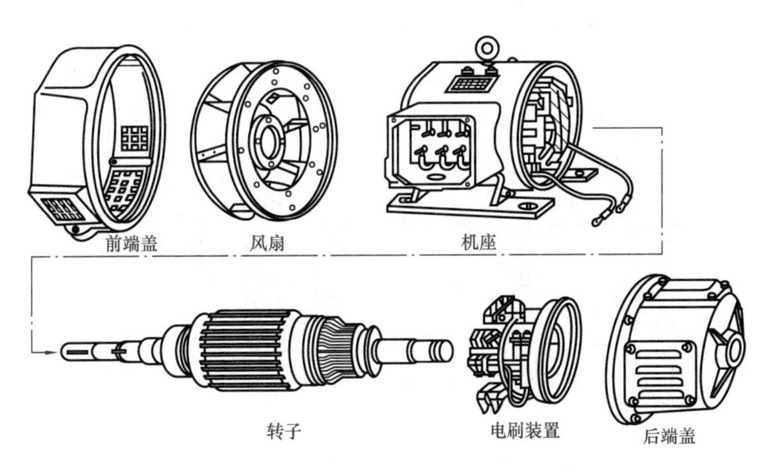

图 5－2　直流电动机的基本结构示意图

（一）定子

定子的作用是产生磁场和作为电动机的机械支架。它由主磁极、换向极、机座、端盖、轴承和电刷装置等组成。

1. 主磁极

主磁极又称励磁磁极，其作用是产生电动机工作时的主磁场。主磁极由主极铁芯和套在铁芯上的励磁绕组组成。铁芯一般用 1～1.5mm 的低碳薄钢片叠压而成，用铆钉装配成一个整体；而用绝缘铜线绕制成的线圈套在铁芯外面形成励磁绕组，整个主磁极通过螺钉固定在机座上，如图 5－3 所示。

励磁绕组通入直流励磁电流时，主磁极即产生固定的极性。改变励磁电流的方向，可以改变主磁极的极性。

2. 换向极

换向极的作用是减小电动机运行时电刷所产生的有害火花。换向极安装在两个相邻的主磁极之间，换向极的极数与主极相同或为其一半。

换向极由换向极铁芯和换向极绕组组成，如图 5－4 所示。

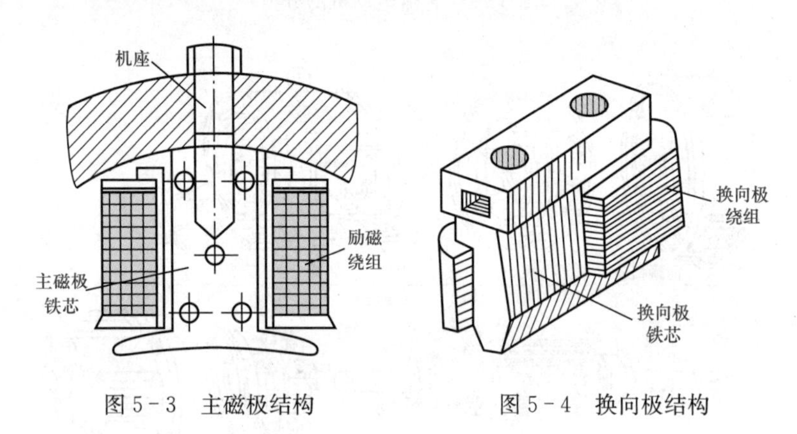

图 5－3　主磁极结构　　　图 5－4　换向极结构

3. 机座

机座又称电动机外壳，有两个作用：①起支撑作用，用来固定主磁极、换向极和端盖等；②起导磁作用，作为电动机磁路的一部分。

4. 电刷装置

电刷装置的作用是通过电刷与换向器的接触，把直流电压、电流引入电枢绕组或将电枢绕组的直流感应电动势引出。它由电刷、刷握和刷杆座组成，如图 5－5 所示。

电刷放在刷握内，用弹簧压紧，使电刷与换向器之间有良好的滑动接触。刷握固定在刷杆上，刷杆装在圆环形的刷杆座上，相互之间必须绝缘。刷杆座装在端盖或轴承内盖上，圆周位置可以调整，调好以后加以固定。

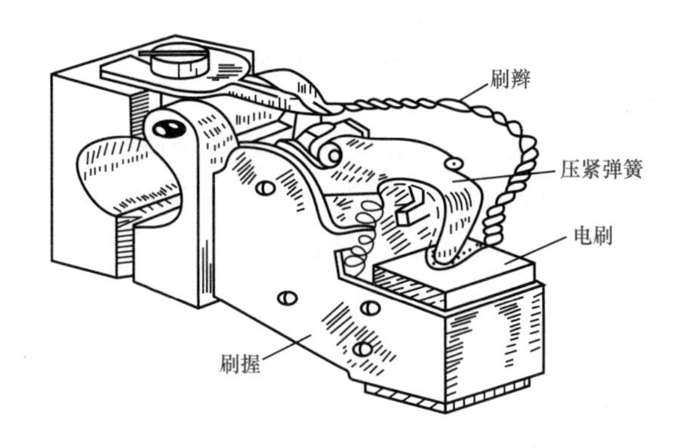

图 5-5 电刷装置

（二）转子

转子通称电枢。它的作用是产生感应电动势、电流、电磁转矩和转换能量。它由电枢铁芯、电枢绕组、换向器、转轴和风扇等部件组成，如图 5-6 所示。

1. 电枢铁芯

电枢铁芯是电枢绕组的支撑部分，又是磁路的组成部分。为了减少涡流损耗和磁滞损耗，一般采用厚度为 0.5mm 厚的表面涂有绝缘漆的硅钢片冲制叠压而成。叠成的铁芯固定在转轴或转子支架上。铁芯外圆周上均匀分布着电枢槽，用以嵌放电枢绕组，如图 5-7 所示。

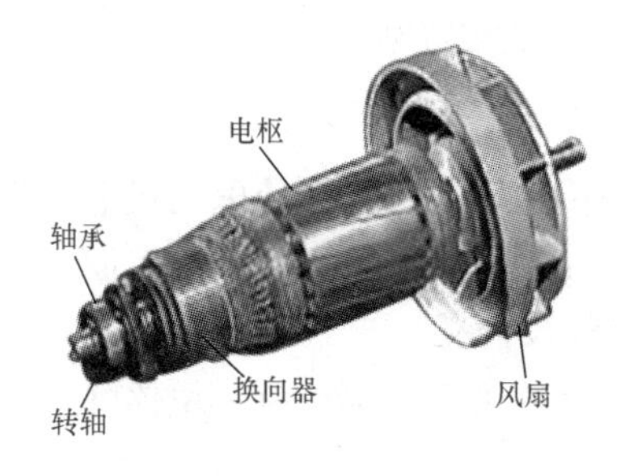

图 5-6 转子结构

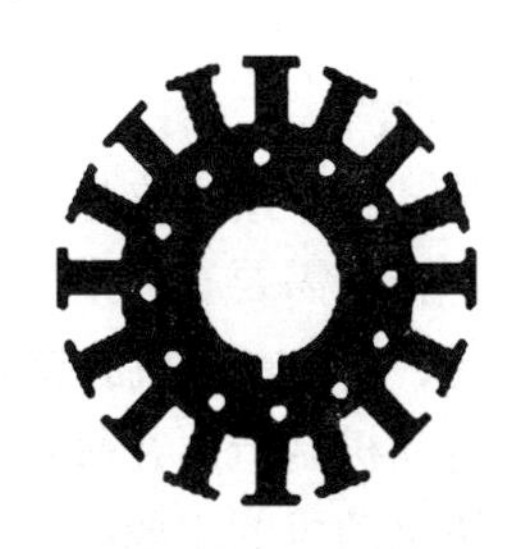

图 5-7 电枢铁芯

2. 电枢绕组

电枢绕组的作用是通过电流产生电磁转矩和感应电动势，从而实现能量变换。

电枢绕组一般由许多个相同的线圈单元组成，用高强度漆包线或玻璃丝包扁铜线绕成。这些线圈按一定规律嵌放在电枢铁芯槽内，线圈单元的引出线连接到换向器上。

3. 换向器

换向器的作用是与电刷配合将直流电动机输入的直流电流转换成电枢绕组中的交变电流，或将直流发电机绕组中的交变电动势变为直流电压向外输出。它是由许多燕尾状的梯形铜片和绝缘云母片相隔排列地叠成圆筒形。将V形套筒和螺纹压圈拧紧成一个整体，每个换向片与电枢绕组每个元件的引出线焊接在一起。

换向器结构如图5-8所示。

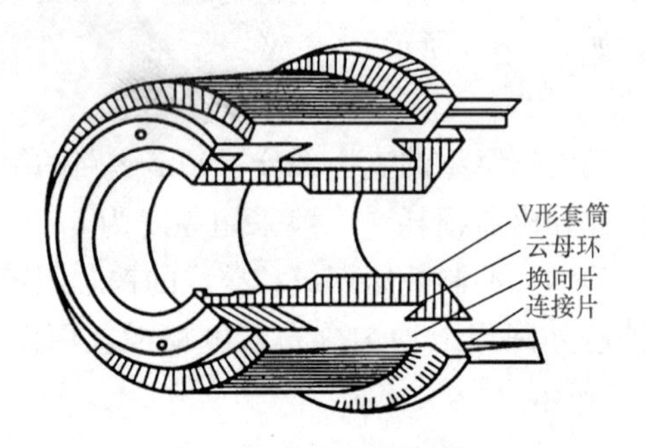

图5-8 换向器结构

4. 转轴

转轴的作用是支撑转子和传递转矩。为了使电动机能可靠地运行，转轴需要有一定的强度和刚度，一般用圆钢加工而成。

三、直流电动机的铭牌参数及含义

电动机制造厂在每台电动机的机座上都钉有一块铭牌，上面标出该电动机的主要技术数据。

1. 直流电动机的主要额定值

(1) 额定功率 P_N。指电动机在规定的额定状态下运行时输出的功率，即电动机轴上输出的机械功率，其值等于额定电压与额定电流的乘积再乘以额定效率，单位为 kW。

(2) 额定电压 U_N。指电动机长期安全运行时所能承受的电压，单位为 V。

(3) 额定电流 I_N。指电动机在额定电压下，转轴有额定功率输出时的定子绕组电流，单位为 A。

(4) 额定转速 n_N。指电动机在额定电压和额定电流下，额定功率输出时的转子转速，单位为 r/min。

除上述额定值外，还有额定效率 η_N、额定转矩 M_N 等，它们不一定都标在铭牌上，但它们中某些数据可以根据铭牌数据推算出来，例如电动机的额定输出转矩可按下式计算

$$M_N = 9550\frac{P_N}{n_N}$$

额定值是经济合理地选择电机的依据，如果电机运行时，其各物理量（如电压、电流、转速等）均等于额定值，则称此时电机运行于额定状态。电机额定运行时，可以充分可靠地发挥电机的能力。如果电机运行时，其电枢电流超过额定值，称为超载或过载；反之，若小于额定电流运行，则称为轻载。超载将使电机过热，降低使用寿命，甚至损坏电动机；轻载则浪费电机功率，降低电机效率。

2. 直流电动机的型号

目前，我国生产的直流电动机主要有以下系列产品：

Z2 系列：是一般用途的中小型直流电动机，功率范围为 0.4～200kW，转速范围为 600～3000r/min，调速值为 3∶1 或 4∶1。

Z3、Z4 系列：是一般用途的中小型直流电动机。

Z 和 ZF 系列：是一般用途的大中型直流电动机。Z 是直流电动机系列；ZF 是直流发电机系列。

ZZJ 系列：是专供起重冶金工业用的专用直流电动机。

ZT 系列：是用于恒功率且调速范围比较大的拖动系统里的广调速直流电动机。

ZQ 系列：是电力机车、工矿电机车和蓄电池供电电车用的直流牵引电动机。

ZH 系列：是船舶上各种辅助机械用的船用直流电动机。

ZU 系列：是用于龙门刨床的直流电动机。

ZA 系列：是用于矿井和有易爆气体场所的防爆安全型直流电动机。

ZKJ 系列：是冶金、矿山挖掘机用的直流电动机。

ZD 系列：是一般用途的大中型直流电动机，用于大中型机床、造纸机等，转速范围为 230～1500 r/min，电动机电压为220、330、440、660V。

电动机的型号是用来表示电动机的主要特点的，它由产品代号和规格代号等部分组成，例如，Z2－31 的含义如图 5－9 所示。

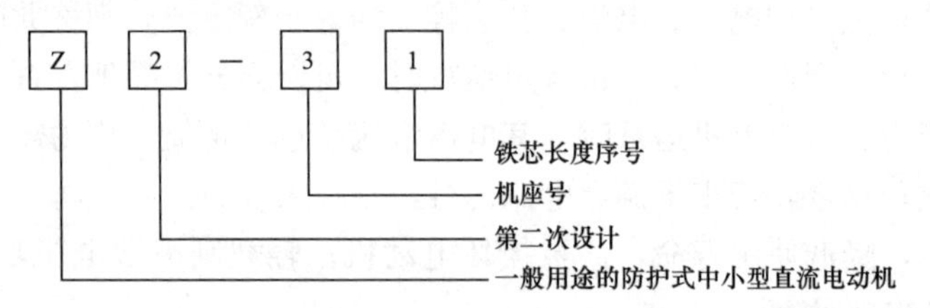

图 5－9　直流电动机型号的含义

四、直流电动机的励磁方式及接线

直流电动机的励磁方式是指对励磁绕组如何供电、产生励磁磁通势而建立主磁场的问题。根据励磁方式的不同，直流电机可分为以下几种类型：

1. 他励式直流电动机

励磁绕组与电枢绕组无连接关系，而由其他直流电源对励磁绕组供电的直流电动机称为他励式直流电动机，接线如图 5－10（a）

所示，图中 M 表示电动机。

2. 并励式直流电动机

并励式直流电动机的励磁绕组与电枢绕组相并联，接线如图 5 - 10 (b)所示。励磁绕组与电枢共用同一电源，从性能上讲与他励式直流电动机相同。

3. 串励式直流电动机

串励式直流电动机的励磁绕组与电枢绕组串联后，再接于直流电源，接线如图 5 - 10 (c) 所示。这种直流电动机的励磁电流就是电枢电流。

4. 复励式直流电动机

复励式直流电动机有并励和串励两个励磁绕组，接线如图 5 - 10 (d) 所示。若串励绕组产生的磁通势与并励绕组产生的磁通势方向相同，称为积复励；若两个磁通势方向相反，则称为差复励。

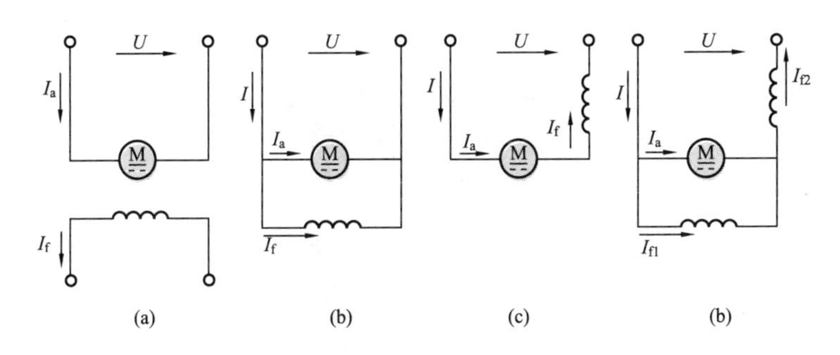

图 5 - 10 直流电动机的励磁方式及接线

(a) 他励式；(b) 并励式；(c) 串励式；(d) 复励式

不同励磁方式的直流电动机有着不同的特性，他励式、并励式直流电动机具有较“硬”的机械特性，因而被广泛应用于要求转速较稳定且调速范围较大的场合，如轧钢机、金属切削机床、纺织印染、造纸和印刷机械等。

而串励式直流电动机具有软的机械特性，电动机空载时转速很高，满载时转速很低。这种机械特性对电动工具很适用。

串励式直流电动机适用于负载经常变化而对转速不要求稳定的场合。

注意　串励式直流电动机具有较强的过载能力，但是在轻载时转速将很高，空载时将造成“飞车”事故，因此绝不允许空载或轻载运行，在起动时至少要带上20%～30%的额定负载。此外，还规定这种电动机与负载之间只能是齿轮或联轴器传动，而不能用皮带传动，以防皮带滑脱而造成“飞车”事故。

【技能训练1】直流电动机的拆卸

一、拆卸直流电动机的步骤

(1) 在拆卸直流电动机前应在刷架处做好明显的标记。在端盖与机座的连接处也应做好明显的标记，便于装配，如图5-11所示。

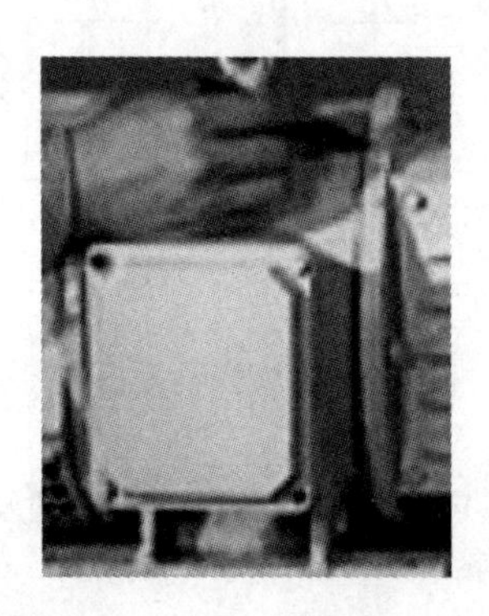

图5-11　做标记

做标记的注意事项如下：

1) 标记要清晰可见。

2) 标记应确保在拆卸的过程中不会被轻易抹掉。

3) 做标记位置的选择，应有利于直流电动机的装配。

(2) 拆去电动机与外界的全部连接线，如图5-12所示。

图 5－12　拆连接线

(3) 在电动机轴伸端与传动装置以及联轴器或皮带轮的连接处做标记，拆除传动装置以及联轴器或带轮，并拆松电动机的底脚固定螺栓。

(4) 拆下换向器端盏（后端盖）上通风窗的螺栓，打开通风窗，从刷握中取出电刷，拆下接到刷杆上的连接线，如图 5－13 所示。

图 5－13　取出电刷

(5) 拆下电动机端盖的螺栓、轴承盖螺栓，并取下轴承外盖，如图 5－14 所示。

(6) 拆下轴伸端端盖（前端盖）的螺栓，把连同端盖的电枢从定子内小心地抽出来，注意不要碰伤电枢绕组、换向器及磁极绕组，并用白布或纸板把换向器包好。

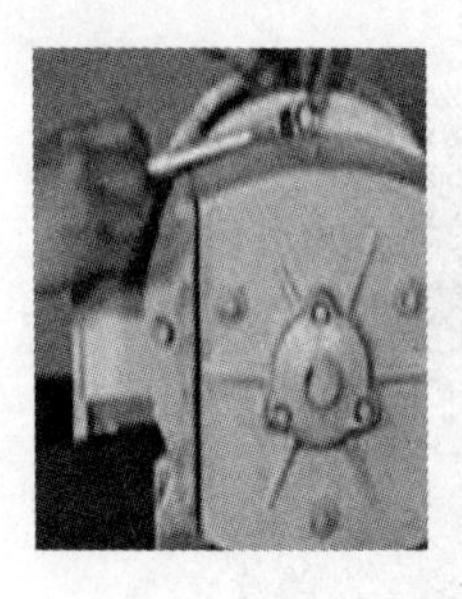
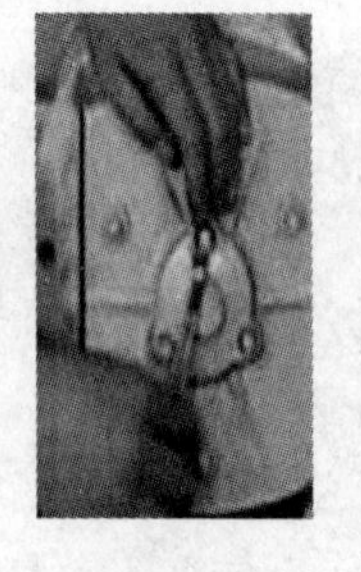

图 5－14　拆除端盖

（7）拆下前端盖的轴承盖螺栓，并取下轴承外盖。

（8）将连同前端盖在内的电枢放在木架或木板上，并用厚纸或布将其包好，如图 5－15 所示。

图 5－15　放置电枢

二、拆卸直流电动机的注意事项

（1）拆卸时应注意不要碰伤各部件。

（2）要记住各部件拆卸的顺序，以便装配。

（3）包扎电枢、换向器时，要用比较厚的纸张。

（4）电枢、换向器要包裹严实，以免被擦伤。

【技能训练 2】直流电动机的安装

直流电动机的安装步骤与拆卸步骤相似，但次序相反，即先拆的部件后装，后拆的部件先装。

（1）把零部件整理和清理好。注意：①原有标记要保持清晰可见；②清理时不要碰坏电枢等部件。

(2) 安装轴承内盖及热套轴承，并将刷架装于前端盖内。

(3) 将带有刷架的端盖装到定子机座上，将机座立放，机座在上，端盖在下；再把转子吊入定子内，使轴承进入端盖轴承孔；然后装端盖及轴承外盖。

(4) 检查气隙，调整使之均匀，如图 5-16 所示。

(5) 将电刷放入刷盒内并压好，研磨电刷并测电刷压力，如图 5-17 所示。

图 5-16 检查气隙

图 5-17 放置电刷

(6) 出线盒双接引出线，安装其余零部件。

(7) 调整刷架，使其在中性位置上。

(8) 通电试运行。

【技能训练 3】直流电动机的常见故障及检修

一、电枢绕组的检修

直流电动机电枢绕组常见的故障有开路、短路、接地（碰壳）、错接及接反等。

(一) 电枢绕组开路故障

1. 故障原因

电枢绕组的开路故障通常是由于个别绕组断线或换向器片焊接不良等原因引起。

直流电动机的电枢绕组是闭路绕组，若某绕组开路或与换向片焊接不良，则当该绕组转动到电刷下时，电流将通过电刷接通与断开，使该绕组两侧的换向片被电弧烧黑。因此可根据烧黑的换向片找出开路故障的位置，如图 5-18 所示。

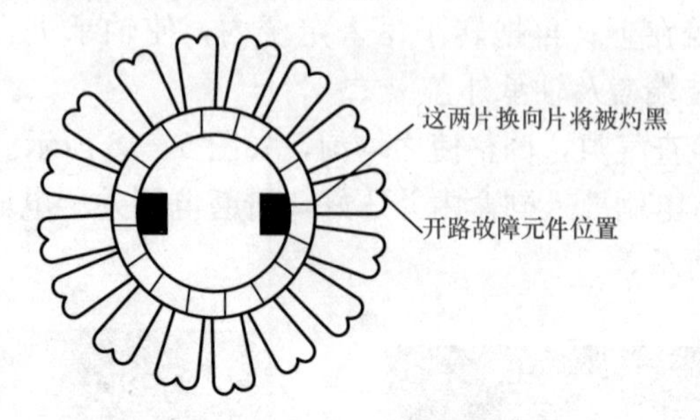

图 5-18　电枢绕组开路故障的检查

2. 检查方法

采用测量换向片间电压降的方法来检查，即在换向器的相邻换向片或相隔接近一个极距的两换向片上接入直流电源，然后用直流毫伏表测量相邻两换向片间的电压降，如图 5-19 所示。

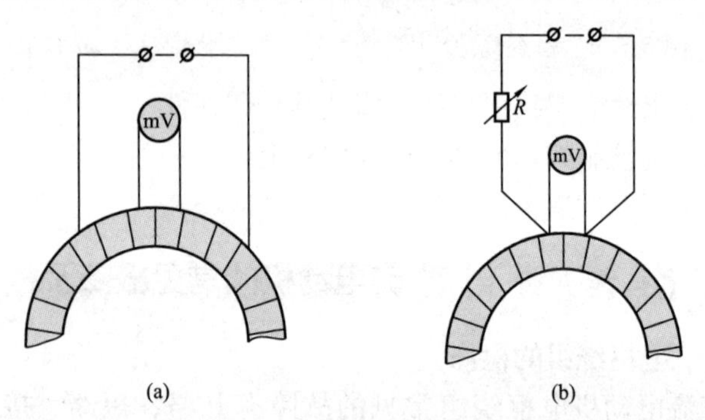

图 5-19　用测量换向片间电压降方法检查电枢绕组的短路、断路

(a) 电源接在接近一个极距的两个换向片上；(b) 电源接在相邻的两个换向片上

测得各换向片间的电压降一般应相等或与其平均值偏差不大(≤±5%)，若在相连接的换向片上测得的电压降比平均值显著增大，则说明电枢绕组断路或焊接不良。

3. 维修方法

若换向片与线圈的连接线松脱，重新焊接；若线圈断线，拆除重绕。如果只有一两个线圈开路，有时可采用暂时的应急修复措施：先查明断线线圈，并将其从换向器片上拆下，同时用绝缘材料包扎线端，用绝缘导线在被拆下线圈的换向器片上跨接。单叠绕组的跨接方法如图 5 - 20 所示，单波绕组的跨接方法如图 5 - 21所示。

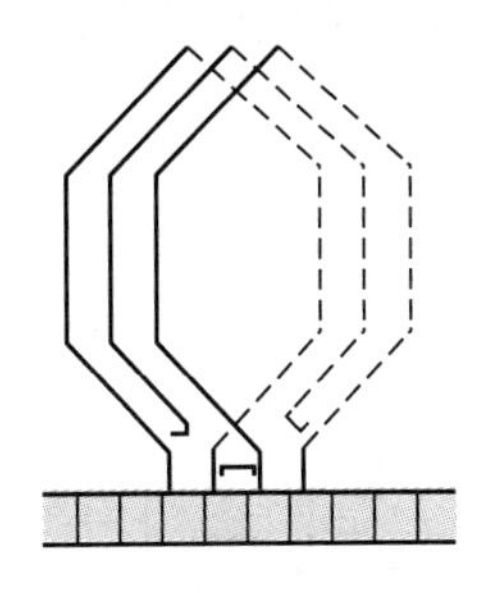

图 5 - 20　单叠绕组的跨接方法

图 5 - 21　单波绕组的跨接方法

（二）电枢绕组短路故障

1. 检查方法

电枢绕组短路故障，可采用测量换向片间电压降的方法（见图 5 - 19）来检查。若换向片间电压降呈周期性变化，则表明电枢绕组良好；若测得的电压降显著降低，则说明电枢绕组匝间短路；若片间电压降为零，则说明换向片间短路。

2. 维修方法

电枢绕组匝间短路，可按照电枢绕组开路时的跨接方法处理。如果绕组因为受潮造成局部短路，可进行干燥处理。若发生短路故障的绕组数量较多，情况较严重，而且线圈的绝缘已发焦变脆，最好是重绕线圈。

（三）电枢绕组接地（碰壳）故障

电枢绕组接地故障通常发生在绕组端部、换向器内部绝缘击穿等。

1. 检查方法

（1）目测法。通过观察电刷下的火花、响声、冒烟或烧灼的焦味、黑迹等，找出接地故障部位。

(2) 毫伏表法。将低压直流电源（干电池）接在相隔一小段的两换向片上，然后将毫伏表的一端接于转轴上，另一端依次逐片接在各换向片上。

若毫伏表有读数，则说明电枢绕组没有接地；若触及某一换向片时，毫伏表读数为零，则表明该换向片或所连接的电枢绕组接地了，如图 5－22 所示。

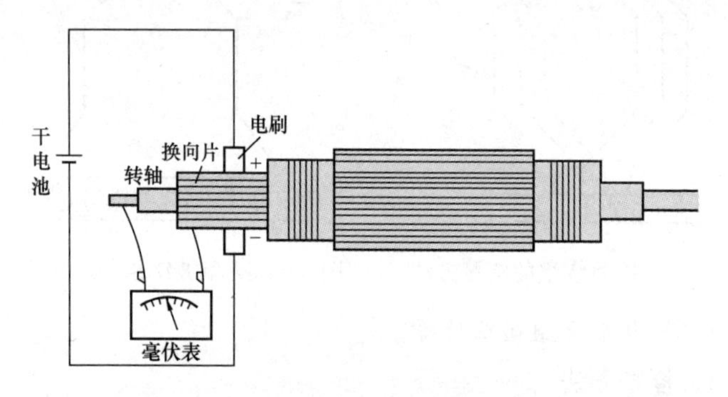

图 5－22　毫伏表法

(3) 灯泡法。其原理与毫伏表法相似。将灯泡的一端接在各换向片上，另一端接于转轴上。如果灯泡亮了，则说明该换向片或电枢绕组接地了，如图 5－23 所示。

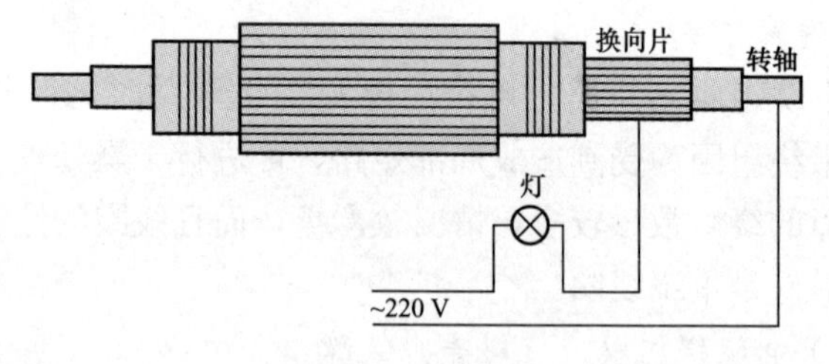

图 5－23　灯泡法

2. 维修方法

若故障点在换向片与绕组引出线的连接部位，或者在电枢铁芯槽的外部等可见部位，可在接地导体与铁芯之间的故障部位插入、垫衬新的绝缘或调整绝缘的位置，以消除造成故障的因素。

若接地故障发生在铁芯槽内部或者接地点较多时，则需要重新绕制线圈。

（四）电枢绕组错接及接反故障

1. 检查方法

通常采用毫伏表测量换向片间电压进行检查。如果毫伏表的读数杂乱且无规律，说明电枢绕组错接的情况比较严重。如果毫伏表的指针出现反向偏转，说明该绕组接反。

2. 维修方法

对于个别绕组接反的情况，可用电烙铁重新焊好，如图 5-24 所示。对于错接严重的，则需把所有绕组的端线从换向片上取出来，然后按图样规定重新放置并焊好。

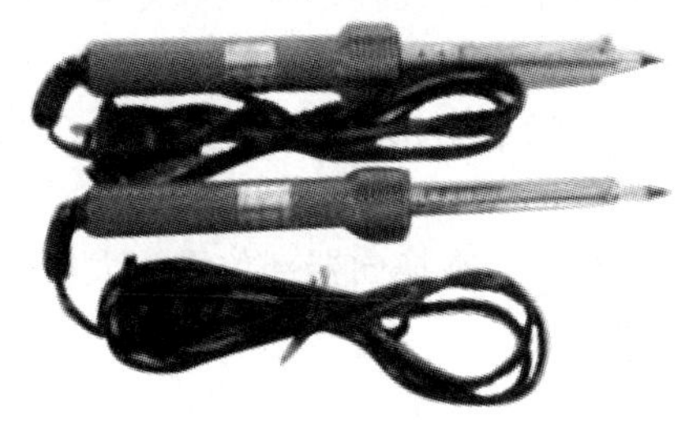

图 5-24 电烙铁

二、定子绕组的检修

常见的定子绕组故障有励磁绕组匝间短路、励磁绕组接地（对地击穿）等。

1. 检查方法

（1）交流降压法。把电动机所有励磁绕组串接起来，通入适当的交流电源。然后用电压表测量每只绕组两端的电压来检查励磁绕组匝间是否有短路故障。若各电压值大小不等，则电压较小的绕组就是有短路故障的绕组。

（2）电阻法。用电桥测量各绕组的直流电阻值来检查励磁绕组以及换向极绕组和补偿绕组匝间是否短路故障。绕组正常时，各绕组的阻值差别应不超过5%。短路故障的绕组其阻值应比非故障绕组的阻值小一些。

(3) 灯泡法。把电动机的机座接地，将交流电源串接一个灯泡，然后一端接在铁芯上，另一端接触定子励磁绕组的引线，检查励磁绕组接地故障，随着灯泡发亮的一瞬间，看到火花或烟雾，则说明此处即为接地故障点。

2. 维修方法

励磁绕组的修理可分为局部处理和线圈重绕两种。

(1) 局部处理。当绕组发生表面短路或匝间短路时，可剥开外包绝缘层，把短路线匝去掉，绕后用同规格的导线对接并补绕足够的匝数。焊好引线片，再用玻璃丝带扎紧，重新涂漆烘干。

(2) 线圈重绕。当线圈内部短路、线圈接地使线圈烧毁或线圈老化时，均需要按原来的线径、匝数修复或更换绕组。

三、换向器故障

换向器的主要故障是相邻换向片短路、换向器接地等。

1. 故障原因

电动机长期运行后，在换向器部位堆积大量导电粉尘，造成换向器片与片之间漏电。

2. 检查方法

首先用砂纸对换向器进行打磨，使其光滑。然后用绝缘电阻表或万用表测量相邻换向片的电阻，阻值应在0.5MΩ以上，如为零，再把线圈与换向片的引线用电烙铁焊开，如换向片间电阻仍为零，则可判断为换向片短路。

在断开线圈引线情况下，将灯泡接于相邻换向片上，如换向片短路，灯泡将发亮。

用同样的方法检测换向片与轴，如电阻为零或灯泡亮，可判断为换向片接地。

3. 维修方法

用金属片刮掉换向片间造成短路的金属物质、换向片组的V

形槽及V形环等，直至用灯泡检验无短路即可。再用云母粉加胶合剂或松脂等填充绝缘的损伤部位，恢复其绝缘。

四、换向器与电刷接触不良

换向器与电刷接触不良是直流电动机最常见的故障。

1. 故障原因

(1) 电刷过硬或过软。

(2) 电刷放置位置和压力调节不当。

(3) 电动机的电枢轴承损坏。

(4) 换向器表面不洁。

2. 维修方法

取出电刷，用砂纸（或砂布）小心地擦掉换向器表面的污物。若发现电刷的弹簧弹力不足或弹簧变形，应及时更换弹簧。

【技能训练4】直流电动机的检查

为了确保经过拆装、修理的直流电动机的质量，需要对电动机进行必要的检查和试验。

一、试验前的检查项目

(1) 所有的紧固元件应拧紧，转子转动应灵活。

(2) 电刷刷握应牢固且精确地固定在刷架上，刷握的下边缘与换向器表面平行，各刷握之间的距离应相等。

(3) 电刷应能自由地在刷握内上下移动，但不能太松。电刷表面与换向器应很好吻合。

(4) 电刷顶端的弹簧压力应调节适当，一般应为12～17kPa，同一电动机内各电刷的压力与其平均值的偏差不应超过±10%。

(5) 换向器的表面应平沿、光洁，不得有毛刺、裂纹、裂痕等缺陷。换向片间的云母片不得高出换向器的表面，凹下深度为1～1.5mm。

(6) 电动机的出线应正确，接线是否与端子的标号应一致，电动机内部的接线应无碰触转动的部件。

(7) 用塞规（见图5-25）在电枢的圆周上检测各磁极下的

气隙，每次在电动机的铁芯两端测量。空气隙的偏差不应超过算术平均值的10%。

图5-25　塞规

二、试验项目

1. 绝缘电阻的测量

测量电动机的绝缘电阻可采用绝缘电阻表。

2. 绕组直流电阻的测量

采用直流双臂电桥来测量。测量时应重复测量三次，取其算术平均值。

3. 耐压试验

对各绕组及换向器对机壳之间进行耐压试验。

在各绕组对地之间和各绕组与绕组之间，施加频率为50Hz的正弦交流电。试验时，应从电压全值的1/2开始，逐渐分段升压。每段升高不超过全压的5%。升至全值的时间不少于10s。在全压的情况下，维持1min，然后降压至全压的1/2，再切断电源。

4. 空载试验

在上述各项试验都合格的条件下，电动机可以通电进行空载试验。将电动机接入电源空载下运行一定时间，查看各部位是否有过热现象、异常噪声、异常振动或火花等，初步鉴定电动机的接线、装配和修理的质量是否合格。

控制电动机的检修技能训练

控制电动机是在普通旋转电动机的基础上产生的特殊功能的小型旋转电动机，其主要任务是转换和传递控制信号，能量的转换是次要的。普通电动机功率大，侧重于电动机的启动、运行和制动方面的性能指标；而控制电动机输出功率较小，侧重于电动机控制精度和响应速度。所以对控制电动机的主要要求是动作灵敏、准确、质量轻、体积小、耗电少、运行可靠等。

控制电动机的种类繁多，主要有步进电动机、伺服电动机等。

【必备知识 1】步进电动机的基本知识

一、步进电动机的特点及分类

1. 步进电动机的特点

步进电动机是一种利用电磁感应原理，将脉冲信号转换成线位移或角位移的电动机。每来一个电脉冲，电动机转动一个角度，带动机械移动一小段距离。其特点是：

(1) 来一个电脉冲，转一个步距离。

(2) 通过控制脉冲频率，可控制电机转速。

(3) 通过改变脉冲顺序，改变方向。

2. 步进电动机的分类

步进电动机按转矩产生的原理可分为反应式步进电动机、永磁式步进电动机、混合式步进电动机；从电流的极性上可分为单极性步进电动机、双极性步进电动机；从控制绕组数量上可分为二相步进电动机、三相步进电动机、四相步进电动机、五相步进电动机、六相步进电动机；从运动的形式上可分为旋转步进电动机、直线步进电动机、平面步进电动机。

常见的步进电动机有励磁式和反应式两种，两者的区别在于励磁式步进电动机的转子上有励磁线圈，反应式步进电动机的转子上没有励磁绕组。常见的步进电动机如图 6-1 所示。

图 6-1　常见的步进电动机外形

二、步进电动机的结构和工作原理

步进电动机主要由定子和转子两大部分组成，如图 6-2 所示。

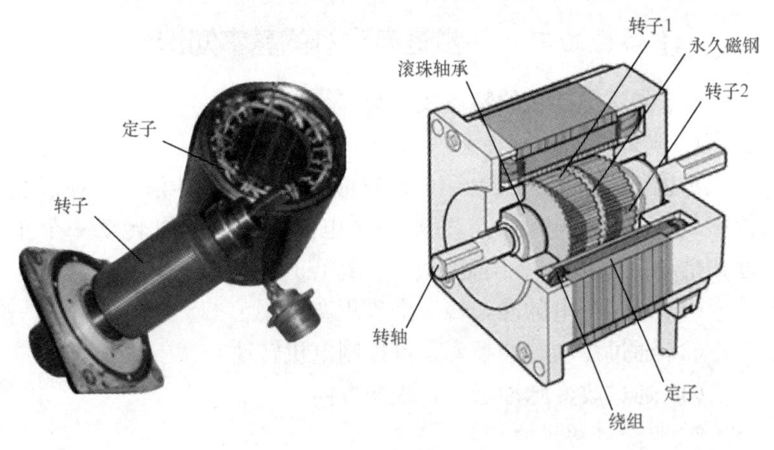

图 6-2　步进电动机的结构

下面以反应式步进电动机为例说明步进电动机的结构及工作原理。

三相反应式步进电动机的结构示意图如图 6-3 所示。

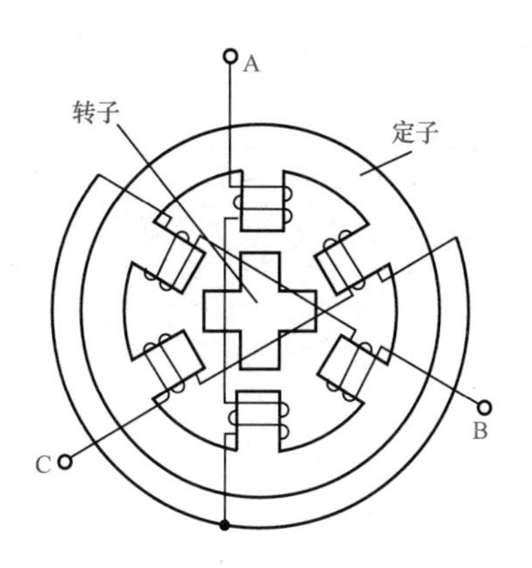

图 6-3 三相反应式步进电动机的结构示意图

它的定子内圆周上具有均匀分布的六个磁极，磁极上绕有励磁绕组，每两个相对的绕组组成一相，采用星形联结。转子有四个齿。

1. 三相单三拍通电方式的工作原理

“三相”指三相步进电动机，“单”指每次只能一相绕组通电，“三拍”指通电三次完成一个通电循环。

设 A 相首先通电（B、C 两相不通电），气隙产生 A-A′轴线方向的磁通，并通过转子形成闭合回路。这时 A、A′极就成为电磁铁的 N、S 极。在磁场的作用下，转子总是力图转到磁阻最小的位置，也就是要转到转子的齿对齐 A、A′极的位置［见图 6-4（a）］；接着 B 相通电（A、C 两相不通电），转子便顺时针方向转过 30°，2、4 齿和 B、B′极对齐［见图 6-4（b）］；接着 C 相通电（A、B 两相不通电），转子再转过 30°，1、3 齿和 C、C′极对齐［见图 6-4（c）］。

在这种工作方式下，三个绕组依次通电一次为一个循环周期，一个循环周期有三个工作脉冲，所以称为三相单三拍通电方式。

如果按 A→B→C→A→…的顺序通电，则电动机转子便顺时

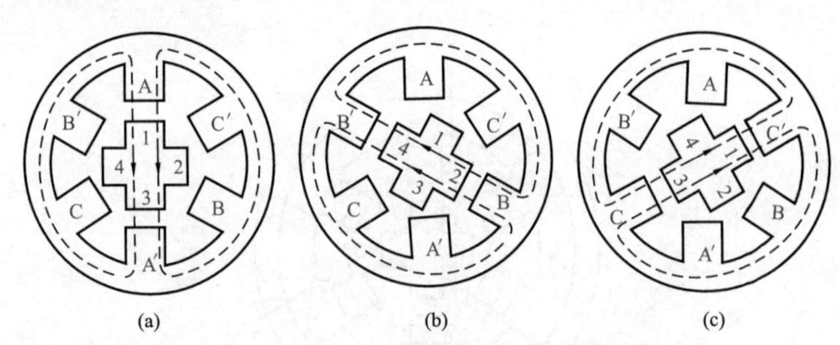

图 6-4　三相单三拍通电方式的工作原理示意图

(a) A 相通电；(b) B 相通电；(c) C 相通电

针方向转动起来，每一拍转过 30°（步距角），每个通电循环周期（三拍）磁场在空间旋转了 360°，而转子转过 90°（齿距角）。

如果按 A→C→B→A→…的顺序通电，则电动机转子便逆时针方向转动。

2. 三相六拍通电方式的工作原理

设 A 相首先通电，转子 1、3 齿与定子 A、A′极对齐［见图 6-5（a)］。然后在 A 相继续通电的情况下接通 B 相，这时定子 B、B′极对转子 2、4 齿产生磁拉力，使转子顺时针方向转动，但是 A、A′极继续拉住 1、3 齿，因此，转子转到两个磁拉力平衡为止。这时转子的位置如图 6-5（b）所示，即转子从图 6-5（a）位置顺时针转过了 15°。接着 A 相断电，B 相继续通电，这时转子 2、4 齿和定子 B、B′极对齐［见图 6-5（c)］，转子从图 6-5（b）的位置又转过了 15°。接着 B、C 相通电，B、B′极拉住 2、4 齿，C、C′极拉住 1、3 齿，转子再转过 15°，其位置如图 6-5（d）所示。

这样，三相反应式步进电动机得一个通电循环如下：A→A、B→B→B、C→C→C、A→A…，每个循环周期分六拍，每拍转子转动 15°（步距角），一个通电循环转子转过 90°（齿距角）。

如果按 A→A、C→C→C、B→B→B、A→A…的顺序通电，则电动机转子按逆时针方向转动。这种方式称为三相六拍通电方式。

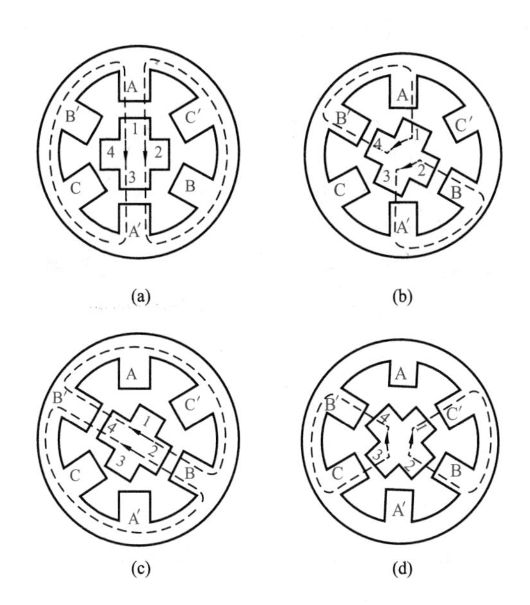

图 6－5　三相六拍通电方式的工作原理示意图

(a) A 相通电；(b) A、B 相通电；(c) B 相通电；(d) B、C 相通电

与单三拍相比，六拍方式的步距角更小，更适用于需要精确定位的控制系统中。

3. 三相双三拍通电方式的工作原理

如果每次都是两相通电，即按 A、B→B、C→C、A→A、B→…的顺序通电，每拍有两相绕组通电，则称为双三拍方式。与单三拍相似，双三拍每个通电循环周期也分为三拍，步距角也是 30°，一个通电循环周期转子转过 90°。

步距角 θ 可用下式计算

$$\theta = 360^\circ/(Z_r \times m) \tag{6-1}$$

式中：Z_r 为转子齿数；m 为每个通电循环周期的运行拍数。

一般步进电动机最常见的步距角是 3°或 1.5°。为了获得小步距角，由式（6－1）可知，转子上不只 4 个齿（齿距角 90°），也有 40 个齿（齿距角为 9°），为了使转子齿与定子齿对齐，两者的齿宽和齿距必须相等。因此，定子上除了 6 个极以外，在每个极面上还有 5 个和转子齿一样的小齿，如图 6－6 所示。

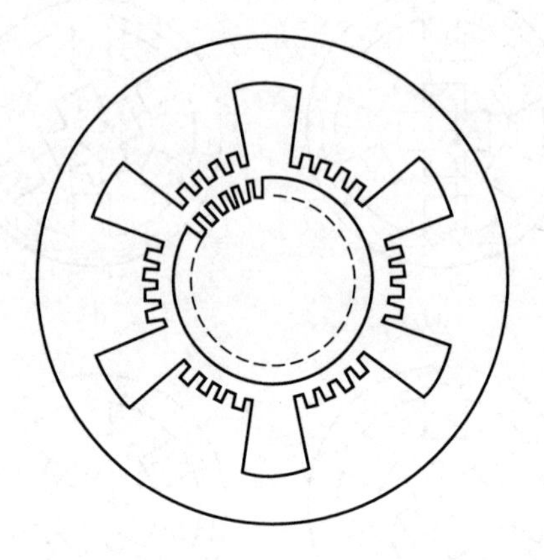

图 6－6　小步距角的三相反应式步进电动机的结构图

由上面介绍可知，步进电动机具有结构简单、维护方便、精确度高、起动灵敏、停车准确等性能。此外，步进电动机的转速决定于电脉冲频率，并与频率同步。

步进电动机的应用非常广泛，如在数控机床、自动绘图仪、机器人等设备中都得到应用。

三、步进电动机的选择与应用

1. 步进电动机的选择

步进电动机由步距角、静转矩及电流三大要素组成。一旦三大要素确定，步进电动机的型号便确定下来了。

（1）步距角的选择。步进电动机的步距角取决于负载精度的要求，将负载的最小分辨率（当量）换算到电动机轴上，得出每个当量电动机应走的角度（包括减速）。电动机的步距角应等于或小于此角度。

目前市场上步进电动机的步距角一般有 0.36°/0.72°（五相电机）、0.9°/1.8°（二、四相电机）、1.5°/3°（三相电机）等。

（2）静力矩的选择。步进电动机的动力矩很难确定，我们往往先确定电动机的静力矩。静力矩选择的依据是电动机工作的负载，而负载可分为惯性负载和摩擦负载两种。单一的惯性负载和单一的摩擦负载是不存在的。直接起动时（一般由低速）两种负载均要考虑，加速起动时主要考虑惯性负载，恒速运行时只要考虑摩擦负载。

一般情况下，静力矩应为摩擦负载的2～3倍为好，静力矩一旦选定，电动机的机座及长度便能确定下来（几何尺寸）。

（3）电流的选择。静力矩一样的电动机，由于电流参数不同，其运行特性差别很大，可依据矩频特性曲线图，判断电动机的电流（参考驱动电源及驱动电压）。

（4）力矩与功率换算。步进电动机一般在较大范围内调速使用，其功率是变化的，一般只用力矩来衡量，力矩与功率换算如下

$$P = 2\pi nM/60 \tag{6-2}$$

式中：P为功率，W；n为每分钟转速，r/min；M为力矩，N·m。

或

$$P = 2\pi fM/400(\text{半步工作}) \tag{6-3}$$

式中：f为每秒脉冲数（简称PPS）。

2. 步进电动机的应用

（1）步进电动机应用于低速场合——转速不超过1000r/min（0.9°时6666PPS），最好在1000～3000PPS（0.9°）间使用，可通过减速装置使其在此间工作，此时电动机工作效率高，噪声小。

（2）步进电动机最好不使用整步状态，整步状态时振动大。

（3）可根据驱动器选择驱动电压。

（4）转动惯量大的负载应选择大机座号电动机。

（5）电动机在较高速或大惯量负载时，一般不在工作速度起动，而采用逐渐升频提速，因为：①电动机不失步；②可以减少噪声，同时可以提高停止的定位精度。

（6）高精度时，应通过机械减速、提高电动机速度或采用高细分数的驱动器等来解决。

（7）电动机在600PPS（0.9°）以下工作时，应采用小电流、

大电感、低电压来驱动。

(8) 应遵循先选电动机后选驱动的原则。

四、步进电动机的驱动电源

步进电动机需配置一个专用的电源供电，电源的作用是让电动机的控制绕组按照特定的顺序通电，即受输入的电脉冲控制而动作，这个专用电源称为驱动电源。步进电动机及其驱动电源是一个互相联系的整体，步进电动机的运行性能是由电动机和驱动电源两者配合所形成的综合效果。对驱动电源的基本要求为：

(1) 驱动电源的相数、通电方式和电压、电流都要满足步进电动机的需要。

(2) 满足步进电动机的起动频率和运行频率的要求。

(3) 能最大限度地抑制步进电动机的振荡。

(4) 工作可靠，抗干扰能力强。

(5) 成本低、效率高，安装和维护方便。

【技能训练 1】步进电动机的检修

一、检修方法

1. 根据步进电动机上所标注的阻值测量其电阻

步进电动机分为两个绕组，两个绕组的结构形式完全相同，每个绕组的中心端对另两端电阻对称相等，且与标注阻值相符。

测量时可先用万用表将引线分为两组，再用测电阻的方法找出每一组的中心抽头端，中心端应对其他两端等电阻且与标注电阻值相符。若阻值不对称或与标注电阻值不同，则电动机可能已损坏。

有的步进电动机具有两个相同的绕组，但无中心抽头端。测量时可先测两绕组电阻值是否相等，并应与电动机标注相符，然后用电源试验。试验时将电源两极交替碰触每一绕组的两端，此时步进电动机应一步步转动，且每步同样有力，否则说明电动机已损坏。

2. 用步进电动机上所标注的电源电压进行试验

若电动机上无标注，开始可用较低电压，然后逐渐升高电压来试验。电源的一端接某一绕组的中心端，另一端交替碰触该绕组的其他两端，此时步进电动机应一步步转动，且每步同样有力，否则说明电动机已损坏。

检测时应注意，若步进电动机绕组有严重短路时切勿试验，否则会烧坏电源。

二、常见故障检修

1. 步进电动机定子绕组开路

(1) 故障现象。引线接头处断、焊接处全脱焊、从某一匝中导线折断；导线将断未断，如假焊、虚焊或裂纹等。

(2) 检测方法。用万用表测量电阻的方法进行检测，若指针不动或阻值很大，说明所检测的绕组为开路。或者采用检测三相电动机开路的方法进行，如串灯法。

(3) 维修方法。将断开的两导线头的漆皮刮掉后拧紧再焊牢，包上绝缘物。

2. 步进电动机定子绕组短路

(1) 故障现象。一般为匝间短路。

(2) 检测方法。先目测绕组导线绝缘层有发黑变脆的焦煳状，凡有此状的为故障相。再在通电运行状态下，测量各相电流，电流大的为故障相。

(3) 维修方法。如短路在端部外层，可轻轻撬开短路匝，用薄绝缘纸垫好，再压实，将绕组局部加热再涂上绝缘漆。

【必备知识 2】伺服电动机的基本知识

伺服电动机是一种把输入的电信号转换为转轴上的角位移或角速度来执行控制任务的电动机，它的特点是快速响应，服从控制信号要求而动作，无控制信号时静止不动，有控制信号时运行；而且有较大的调速范围，转速的大小与控制信号成正比。

伺服电动机主要分为交流伺服电动机和直流伺服电动机两大类，小功率的自动控制系统多采用交流伺服电动机，稍大功率的自动控制系统多采用直流伺服电动机。伺服电动机的外形如图 6-7所示。

图 6-7　伺服电动机的外形

一、交流伺服电动机

交流伺服电动机是指使用交流电源的伺服电动机，其外形如图 6-8 所示。

图 6-8　交流伺服电动机的外形

1. 交流伺服电动机的结构

交流伺服电动机的结构与电容分相式单相异步电动机相似，如图 6－9所示。定子铁芯上嵌有在空间互成 90°的两相绕组，一个接输入电压的励磁绕组，另一个接控制电压的控制绕组；输入电压与控制电压的电源频率要相同，相位要相差 90°。

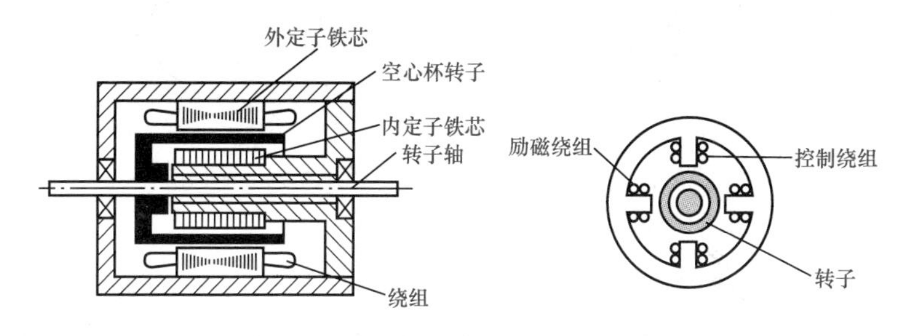

图 6－9 交流伺服电动机的结构

2. 交流伺服电动机的工作原理

交流伺服电动机的工作原理是：在定子励磁绕组输入交流电 u_f，另一定子控制绕组输入同频率但相位与 u_f 相差 90°的控制电压 u_a 后，两相电流 i_f 和 i_a 产生磁场，在气隙中形成一个旋转磁场，该磁场导致转子导体产生感应电动势和电流，在感应电流和旋转磁场共同作用下，产生电磁转矩，从而驱动转子转动，如图 6－10所示。

通过改变控制电压 u_a 的大小或相位可改变交流伺服电动机的转速。通常采用的方式有：

（1）幅值控制。通过调节控制电压的大小来改变交流伺服电动机的转速。输入励磁电压与控制电压之间的相位保持相差 90°。

（2）相位控制。通过调节输入励磁电压与控制电压的相位来改变转速，而控制电压的大小保持不变。

（3）幅相控制。是一种幅值和相位复合控制方式。在定子励磁绕组回路中串接一个电容 C，此时，$u_f=u_1-u_c$；如图 6－11 所示。

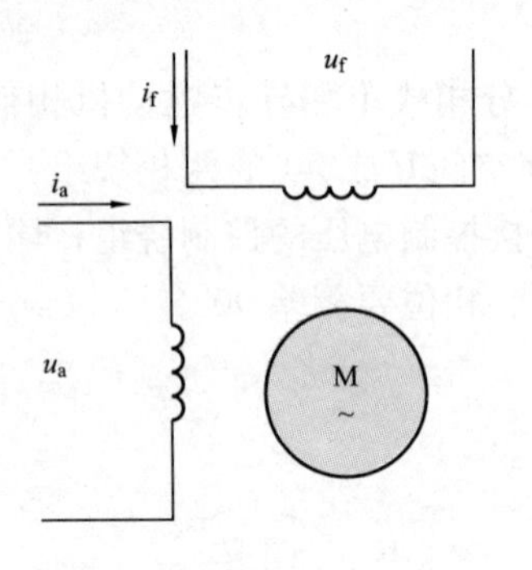

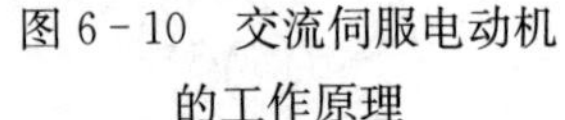
图 6-10　交流伺服电动机的工作原理

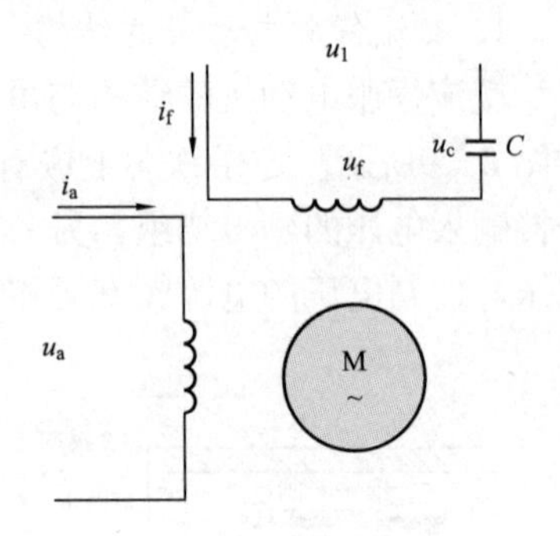

图 6-11　幅相控制

在控制绕组输入与 u_1 同相位的控制电压 u_a 后，当调节控制电压 u_a 的幅值来改变交流伺服电动机的转速时，由于转子绕组的耦合作用，致使励磁电压 u_f 及电容上电压 u_c 的大小和相位也随之改变，所以它是一种幅值和相位复合控制方式。

二、直流伺服电动机

1. 直流伺服电动机的结构

直流伺服电动机是指使用直流电源的伺服电动机，其实质上就是一台他励式的直流电动机。因此，直流伺服电动机的结构与直流电动机基本相同，区别在于其电枢是采用质量较轻的材料制成的空心杯形，其结构如图 6-12 所示。

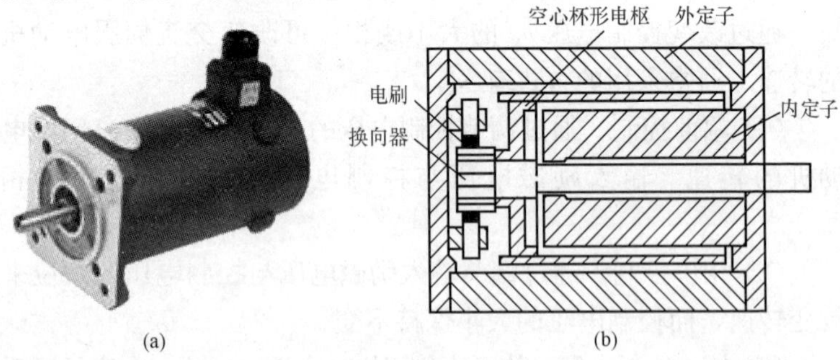

图 6-12　直流伺服电动机的外形及结构

(a) 外形；(b) 结构

直流伺服电动机有内、外两个定子。外定子可由永久磁钢或电磁线圈组成，用于提供电机定子励磁磁场；内定子作为磁路的一部分。空心杯形电枢（转子）由成型的线圈沿圆周的轴向排成空心杯形状及用环氧树脂固化成型；空心杯直接装在电动机的转子轴上，在内、外定子的气隙中旋转；电枢绕组通过换向器及电刷与外部电源连接。

2. 直流伺服电动机的工作原理

（1）磁极控制。通过改变磁通来控制电动机。由于其工作特性较差，故实际中很少采用。

（2）电枢控制。通过改变电枢电压 U_a 来控制电动机。在定子励磁绕组加上直流电压 U_f 后，就会在气隙中产生一个恒定的磁场 Φ_f；若又在电枢绕组加入可调的直流电压（控制电压）U_a，便产生控制磁通；该磁通与恒定的磁场 Φ_f 相互作用，产生电磁转矩，使电枢转动起来。当控制电压 U_a 升高时，电动机的转速随之增高；反之，控制电压 U_a 减少，则转速降低。当改变控制电压 U_a 的极性时，电动机的旋转方向也随之发生改变。

【技能训练 2】交流伺服电动机的拆卸

交流伺服电动机的拆卸步骤如下：

（1）先拆外定子，如图 6－13 所示。

图 6－13 拆外定子

（2）再拆下空心杯转子，如图 6－14 所示。

(3) 最后拆内定子，如图 6-15 所示。

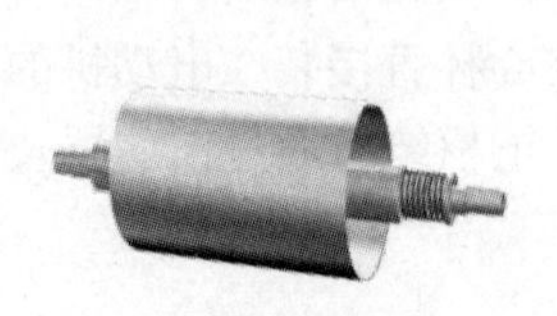

图 6-14　拆空心杯转子

图 6-15　拆内定子

【技能训练 3】伺服电动机的检修

一、伺服电动机的常见故障分析

1. 电动机缺相

(1) 电源方面原因。

1) 开关接触不良。

2) 变压器或线路断线。

3) 熔丝熔断。

(2) 电动机方面原因。

1) 电动机接线盒螺钉松动接触不良。

2) 内部接线焊接不良。

3) 电动机绕组断线。

2. 电动机过热

(1) 负载过大。

(2) 缺相。

(3) 风道堵塞。

(4) 低速运行时间过长。

(5) 电源电压谐波过大。

3. 电动机有异常振动和声音

(1) 机械方面原因。

1) 轴承润滑不良，轴承磨损。

2) 紧固螺钉松动。

3）电动机内有杂物。

（2）电磁方面原因。

1）电动机过载运行。

2）三相电流不平衡。

3）缺相。

4）定、转子绕组发生短路故障。

5）笼型转子焊接部开焊造成断条。

二、伺服电动机的检修

1．起动电动机前准备工作

（1）测量绝缘电阻（对低电压电动机不应低于 0.5MΩ）。

（2）测量电源电压。检查电动机接线是否正确，电源电压是否符合要求。

（3）检查起动设备是否良好。

（4）检查熔断器是否合适。

（5）检查电动机接地、接零是否良好。

（6）检查传动装置是否有缺陷。

（7）检查电动机环境是否合适，清除易燃品和其他杂物。

2．检修方法

（1）振动及声音的确认。伺服电动机在运行中，随时观察电动机的响声和振动情况，根据视觉及听觉判断与平时相比没有增大。

（2）外观的检修。根据污损状况，经常用布擦拭或用气枪清扫。

（3）绝缘电阻的测量。至少每年一次，测量时，切断与伺服单元的连接，请用 500V 绝缘电阻表测量。电阻值超过 10MΩ 则为正常；当为 10MΩ 以下时，请与伺服电动机服务部门联系。

（4）综合检修。最低为 2 万 h 或 5 年一次。用户请不要自行拆卸或清扫伺服电动机。

测量电阻时，请选择电动机动力线 U、V、W 的某一相与 PG 间进行测量。

三、伺服驱动单元的维护

以下项目每年检修一次以上：

（1）机身及电路板的清扫。至少每年一次，保持机身及电路板没有垃圾、灰尘、油迹等。清理时请用布擦拭或气枪清扫。

（2）检查螺钉的松动。至少每年一次，检查接线板、连接器安装螺钉等应不得有松动。如发现松动请进一步紧固。

（3）检查机身、电路板上的零件是否有异常。至少每年一次，不得有因发热而引起的变色、破损及断线等。

变压器的检修技能训练

【必备知识 1】变压器的基本知识

一、变压器的分类及作用

变压器是一种利用电磁感应原理传输电能或电信号的电气设备，它具有变换电压、变换电流、变换阻抗的作用，用途十分广泛，经常用于输配电系统、电子线路、电工测量中。

变压器的种类很多，可按其用途、结构、相数、冷却方式等不同来进行分类。

1. 按用途分

(1) 电力变压器。主要用在输配电系统中，见表 7－1。

表 7－1　　电力变压器的分类

序号	分类方法	说　明
1	按功能分类	有升压变压器和降压变压器两大类。工厂变电所都采用降压变压器。直接供电给用电设备的终端变电站变压器，称为配电变压器
2	按容量分类	容量有 100、125、160、200、250、315、400、500、630、800、1000kVA 等
3	按相数	有单相和三相两大类。工厂变电站通常都采用三相电力变压器
4	按电压调节方式	有无载调压和有载调压两大类。工厂变电站大多采用无载调压型变压器

续表

序号	分类方法	说　明
5	按绕组导体材质	有铜绕组变压器和铝绕组变压器两大类。工厂变电站过去大多采用铝绕组变压器，而现在低损耗的铜绕组变压器已在现代工厂变电站中得到广泛采用
6	按绕组形式	有双绕组变压器、三绕组变压器和自耦变压器。工厂变电站一般采用双绕组变压器
7	按绕组绝缘和冷却方式	有油浸式、干式和充气（SF_6）式等，其中油浸式又有油浸自冷式、油浸风冷式和强迫油循环冷却式等。工厂变电站大多采用油浸自冷式变压器，但干式和充气（SF_6）式变压器适用于安全防火要求高的场所
8	按用途	有普通变压器、全封闭变压器和防雷变压器等。工厂变电站大多采用普通变压器，但在有防火防爆要求或有腐蚀性物质的场所则应采用全封闭变压器，在多雷区则宜采用防雷变压器

(2) 仪用互感器。电压互感器和电流互感器。

(3) 特种变压器。如调压变压器、试验变压器、电炉变压器[见图 7-1 (a)]、整流变压器、电焊变压器等[见图 7-1 (b)]。

(a)

(b)

图 7-1　特种变压器

(a) 电炉变压器；(b) 电焊变压器

2. 按绕组数目分

双绕组变压器、三绕组变压器、多绕组变压器、自耦变压器。

3. 按铁芯结构分

心式变压器、壳式变压器。

4. 按相数分

单相变压器、三相变压器、多相变压器。

5. 按冷却介质和冷却方式分

油浸式变压器（油浸自冷式、油浸风冷式、油浸强迫油循环式）、干式变压器、充气式变压器。

二、变压器的结构

以三相油浸式电力变压器为例，变压器的结构主要由铁芯、绕组、绝缘套管、油箱等组成，如图 7-2 所示。

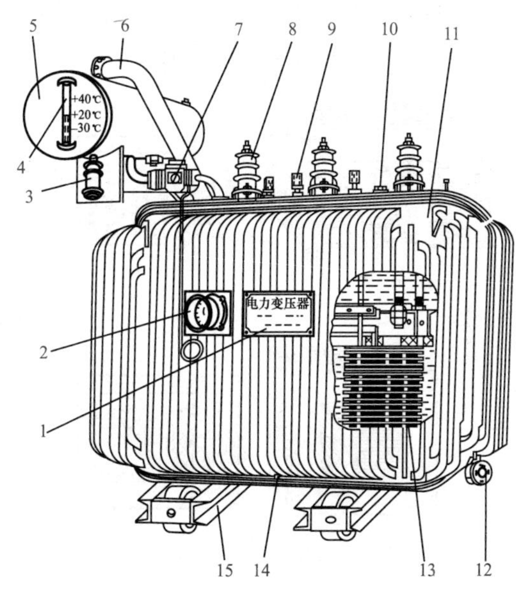

图 7-2 三相油浸式电力变压器的结构

1—铭牌；2—信号式温度计；3—吸湿器；4—油表；5—储油柜；6—安全气道；7—气体继电器；8—高压套管；9—低压套管；10—分接开关；11—油箱；12—放油阀门；13—器身；14—接地板；15—小车

1. 铁芯

铁芯是变压器中主要的磁路部分，通常由0.35～0.5mm厚、表面涂有绝缘漆的热轧或冷轧硅钢片叠装而成，以便减少涡流和磁滞损耗。

铁芯由铁芯柱和铁轭两部分构成，铁芯柱的截面一般做成阶梯形，以充分利用绕组内圆空间。在铁芯柱上套绕组，铁轭将铁芯柱连接起来形成闭合磁路。

铁芯按其构造形式可分为心式和壳式两种，心式结构的特点是铁芯柱被绕组包围，如图7-3（a）所示。壳式结构的特点是铁芯包围绕组的顶面、底面和侧面，如图7-3（b）所示。壳式结构的机械强度较好，但制造复杂；心式结构比较简单。绕组的装配及绝缘比较容易。电力变压器的铁芯主要采用心式结构，一般壳式铁芯用在小容量变压器和电炉变压器。

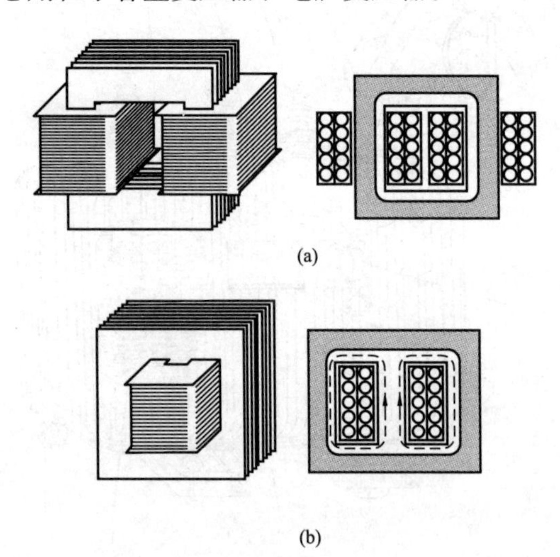

图7-3　铁芯

（a）心式；（b）壳式

2. 绕组

绕组是变压器的电路部分，它是用绝缘扁线或漆包圆线绕成，其中和电源相连的叫一次绕组（初级绕组），和负载相连的叫二次绕组（次级绕组）。

在电力变压器中，工作电压高的绕组称为高压绕组，工作电压低的绕组称为低压绕组。低压绕组由于导线截面大、根数多，一般采用螺旋形绕制；高压绕组多采用连续式绕制。高、低压绕组的排列方式常采用同心式，低压绕组靠近铁芯处，高压绕组套在其外面。

从高、低压绕组的相对位置来看，变压器的绕组又可分为同心式、交叠式。同心式绕组结构简单、制造方便，交叠式主要用于特种变压器中。

3. 绝缘套管

绝缘套管将绕组的高、低压引线引到箱外，是引线对地的绝缘，担负着固定的作用，如图 7－4 所示。

图 7－4　电力变压器高、低压绝缘套管

4. 油箱

油浸式变压器的器身浸在变压器油的油箱中。油是冷却介质，又是绝缘介质。油箱侧壁有冷却用的管子（散热器或冷却器）。此外，还有储油柜、吸湿器、安全气道、净油器和气体继电器等。

三、变压器的工作原理

变压器是按电磁感应原理工作的，一次绕组接在交流电源上，在铁芯中产生交变磁通，从而在一次、二次绕组产生感应电动势，如图 7-5 所示。

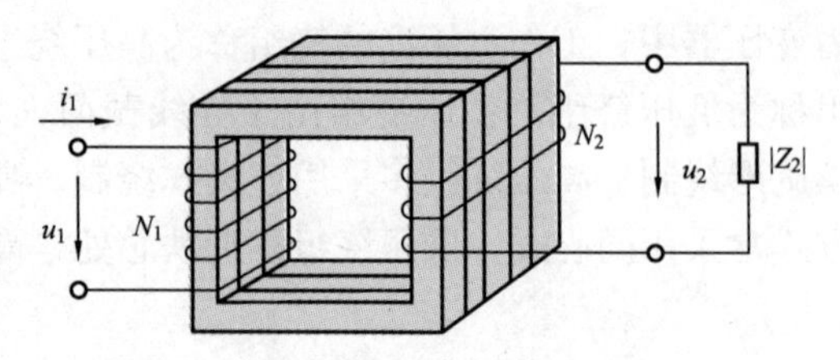

图 7-5 变压器的工作原理示意图

1. 变压器的空载运行和变压比

如图 7-5 所示，设一次绕组匝数为 N_1，端电压为 U_1；二次绕组匝数为 N_2，端电压为 U_2。则一次、二次绕组电压之比等于匝数比，即

$$\frac{U_1}{U_2}=\frac{N_1}{N_2}=n \tag{7-1}$$

式中：n 为变压器的变压比。

注意　式（7-1）在推导过程中，忽略了变压器一次、二次绕组的内阻，所以式（7-1）为理想变压器的电压变换关系。

2. 变压器的负载运行和变流比

在图 7-5 的二次绕组端加上负载 $|Z_2|$，流过负载的电流为 I_2，分析理想变压器一次、二次绕组的电流关系。

将变压器视为理想变压器，其内部不消耗功率，输入变压器的功率全部消耗在负载上，即

$$U_1I_1=U_2I_2$$

将上式变形代入式（7-1），可得理想变压器电流变换关系为

$$\frac{I_1}{I_2}=\frac{U_2}{U_1}=\frac{N_2}{N_1}=\frac{1}{n} \tag{7-2}$$

3. 变压器得阻抗变换作用

设变压器初级输入阻抗为 $|Z_1|$，次级负载阻抗为 $|Z_2|$，则

$$|Z_1|=\frac{U_1}{I_1}$$

将$U_1=\frac{N_1}{N_2}U_2$， $I_1=\frac{N_2}{N_1}I_2$代入，得

$$|Z_1|=\left(\frac{N_1}{N_2}\right)^2\frac{U_2}{I_2}$$

因为

$$\frac{U_2}{I_2}=|Z_2|$$

所以

$$|Z_1|=\left(\frac{N_1}{N_2}\right)^2|Z_2|=n^2|Z_2|$$

即

$$\frac{|Z_1|}{|Z_2|}=n^2 \tag{7-3}$$

可见，二次绕组接上负载$|Z_2|$时，相当于电源接上阻抗为$n^2|Z_2|$的负载。变压器的这种阻抗变换特性，在电子线路中常用来实现阻抗匹配和信号源内阻相等，使负载上获得最大功率。

四、变压器的铭牌及含义

在变压器外壳上均有一块铭牌，要安全正确地使用变压器，必须掌握铭牌各个数据的含义，如图 7-6 所示。

电力变压器			
产品型号	SL7-315/10	产品编号	
额定容量	315kVA	使用条件	户外式
额定电压	10000/400V	冷却条件	ONAN
额定电流	18.2/454.7A	短路电压	4%
额定频率	50Hz	器身吊重	765kg
相　　数	三相	油　　重	380kg
联结组别	Yyno	总　　重	1525kg
制 造 厂		生产日期	

图 7-6　变压器铭牌示意图

1. 型号

型号用以表明变压器的主要结构、冷却方式、电压和容量等级等，如图 7-7 所示。

2. 额定电压

额定电压指变压器空载时的电压，单位为 V 或 kV。

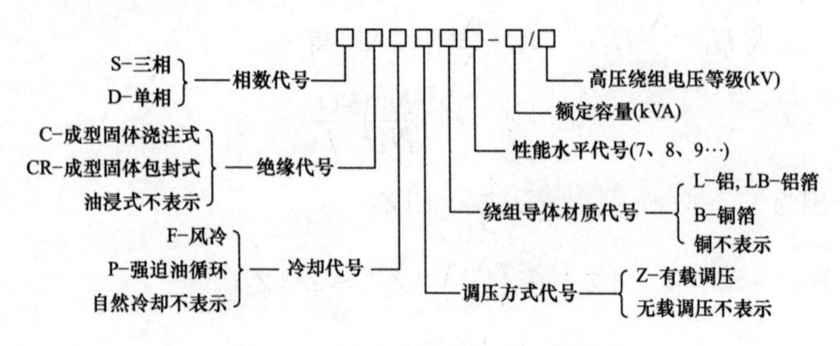

图 7－7　电力变压器的型号示意图

U_{1N}为正常运行时一次侧额定电压。U_{2N}为二次侧额定电压，即二次侧处于空载状态时的电压。三相变压器中，额定电压指的是线电压。

3. 额定电流

额定电流指变压器正常运行时允许通过的最大电流。三相变压器中，额定电流指线电流。

4. 额定容量

额定容量指变压器的额定输出视在功率 S。在单相变压器中，$S=U_2I_2$；在三相变压器中，$S=\sqrt{3}U_2I_2$。

5. 其他

除上述外，变压器的相数、联结组别、短路电压、使用条件和冷却条件等均标注在铭牌上。

【必备知识 2】常用变压器

一、自耦变压器

自耦变压器一次、二次绕组共用一部分线圈，它们之间不仅有磁耦合，还有电的关系，其外形及原理图如图 7－8 所示。

一次、二次绕组电压之比和电流之比的关系为

$$\frac{U_1}{U_2}=\frac{I_2}{I_1}\approx\frac{N_1}{N_2}=n$$

使用自耦变压器的注意事项如下：

(a)

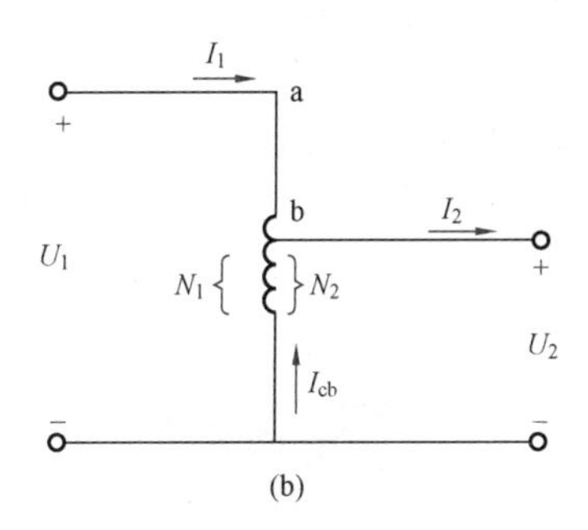

(b)

图 7-8　自耦变压器外形及原理图

(a) 外形；(b) 原理图

(1) 一定要注意正确接线，否则易于发生触电事故。

(2) 接通电压前，要将手柄转到零位。接通电源后，渐渐转动手柄，调节出所需要的电压。

二、小型电源变压器

小型电源变压器广泛应用于电子仪器中。它一般有 1～2 个一次绕组和几个不同的二次绕组，可以根据实际需要联结组合，以获得不同的输出电压，其外形如图 7-9 所示。

图 7-9　小型电源变压器外形

三、互感器

互感器又称为仪用变压器，是一种能将高电压变成低电压、大电流变成小电流的仪表，可分为电压互感器和电流互感器两种。

1. 电压互感器

电压互感器的作用是把高电压按比例关系变换成100V或更低等级的标准二次电压，供保护、计量、仪表装置用。使用时，电压互感器的高压绕组跨接在需要测量的供电线路上，低压绕组则与电压表相连，其外形和原理图如图7-10所示。

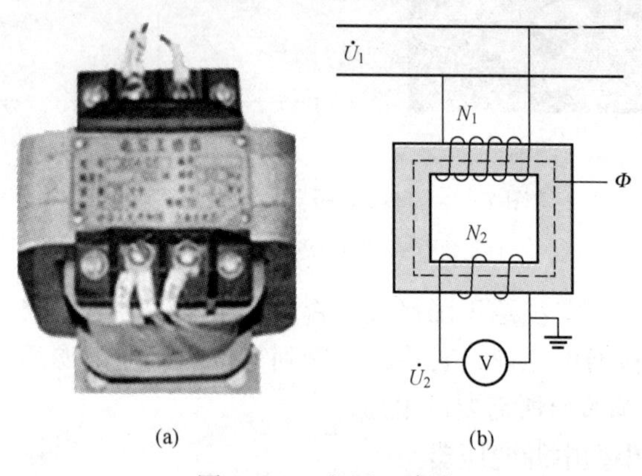

图7-10 电压互感器

(a) 外形；(b) 原理图

可见，高压线路的电压 U_1 等于所测量电压 U_2 和变压比 n 的乘积，即 $U_1=nU_2$。

我国规定，电流互感器二次侧额定电流为5A或1A，电压互感器额定电压为100V或 $100/\sqrt{3}$V。

使用电压互感器的注意事项如下：

(1) 二次绕组不能短路，防止烧坏二次绕组。

(2) 铁芯和二次绕组一端必须可靠接地，防止高压绕组绝缘被破坏时造成设备破坏和人身伤亡。

2. 电流互感器

电流互感器的作用是可以把数值较大的一次电流通过一定的变比转换为数值较小的二次电流，用来进行保护、测量等。使用时，电流互感器的一次绕组与待测电流的负载相串联，二次绕组则与电流表串联成闭合回路，其外形和原理图如图7-11所示。

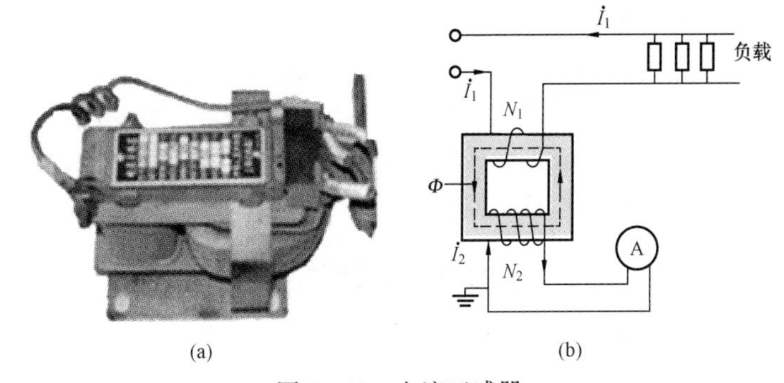

图 7-11　电流互感器

(a) 外形；(b) 原理图

通过负载的电流等于所测电流和变压比倒数的乘积。

使用电流互感器的注意事项如下：

(1) 绝对不能让电流互感器的二次侧开路，否则易造成危险。

(2) 铁芯和二次绕组一端均应可靠接地。

常用的钳形电流表也是一种电流互感器。它是由一个电流表接成闭合回路的二次绕组和一个铁芯构成，其铁芯可开可合。测量时，把待测电流的一根导线放入钳口中，电流表上可直接读出被测电流的大小，如图 7-12 所示。

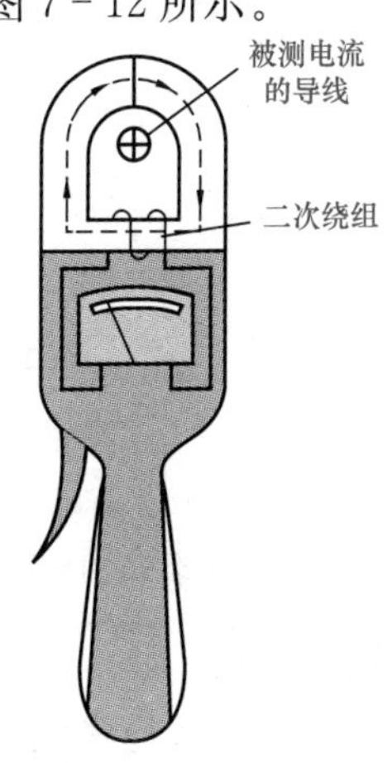

图 7-12　钳形电流表

四、三相变压器

三相变压器就是三个相同的单相变压器的组合。三相变压器用于供电系统中。根据三相电源和负载的不同，三相变压器的一次、二次绕组可接成星形或三角形。三相变压器的每一相，就相当于一个独立的单相变压器。

【技能训练1】变压器的检修

一、变压器同名端的检测

在两个绕组中分别通以直流电，当磁通方向叠加（同方向）时，两个绕组的电流流入端就是它们的同名端，两个绕组的电流流出端是它们的另一组同名端。即同进同出中同进的或同出的那两端就是同名端，且用星号“*”或小黑点“·”将它们标记出来。

变压器一次、二次绕组均带“·”的两对应端，表示该两端感生电动势的相位相同，称为同名端；一端带“·”而另一端不带“·”的两对应端，表示该两端感生电动势相位相反，则称为非同名端，也称为异名端。

如图7-13所示，用电池碰触变压器一次绕组，若碰触的瞬间指针向右转，则A、a为同名端，剩下的B、b为同名端。若万用表偏转角度小，可使用小电流量程。

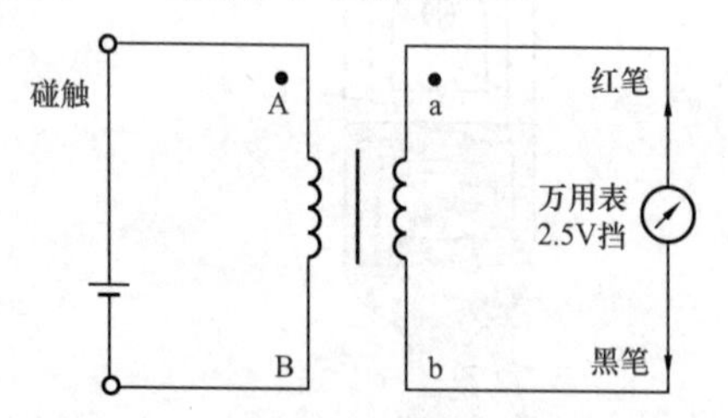

图7-13　变压器同名端的检测示意图

二、变压器绝缘电阻的检测

(1) 应按设备的电压等级选择绝缘电阻表，如10～35kV的变压器，应选用2500V绝缘电阻表。

（2）测量绝缘电阻以前，应切断被测设备的电源，并进行短路放电，放电的目的是为了保障人身和设备的安全，并使测量结果准确。

（3）绝缘电阻表的连线应是绝缘良好的两条分开的单根线（最好是两色），两根连线不要缠绞在一起，最好不使连线与地面接触，以免因连线绝缘不良而引起误差。

（4）测量前先将绝缘电阻表进行一次开路和短路试验，如图 7－14所示，检查绝缘电阻表是否良好，若将两连接线开路摇动手柄，指针应指在∞（无穷大）处，这时如把两连线头瞬间短接一下，指针应指在 0 处，此时说明绝缘电阻表是良好的，否则说明绝缘电阻表是有误差的。

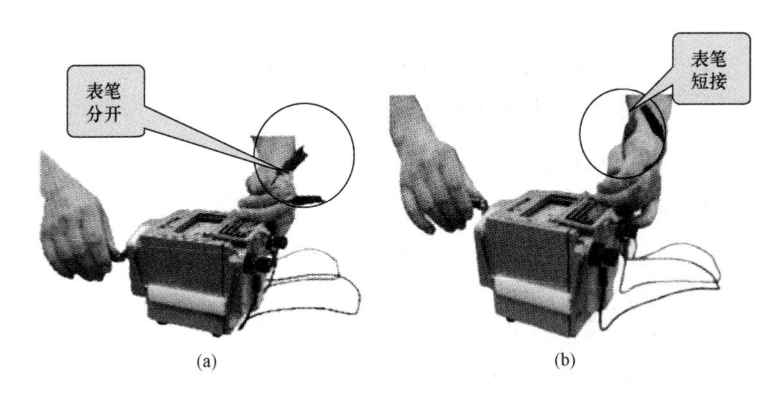

图 7－14　变压器绝缘电阻的检测示意图

（a）开路试验；（b）短路试验

（5）摇测一次绕组对二次绕组及地（壳）的绝缘电阻的接线方法：将一次绕组三相引出端 U1、V1、W1 用裸铜线短接，以备接绝缘电阻表 L 端；将二次绕组引出端 N、U2、V2、W2 及地（地壳）用裸铜线短接后，接在绝缘电阻表 E 端。必要时，为减少表面泄漏影响测量值，可用裸铜线在一次侧瓷套管的瓷裙上缠绕几匝之后，再用绝缘导线接在绝缘电阻表 G 端。

（6）摇测二次绕组对一次绕组及地（壳）的绝缘电阻的接线

方法：将二次绕组引出端U2、V2、W2、N用裸铜线短接，以备接绝缘电阻表L端；将一次绕组三相引出端U1、V1、W1及地（壳）用裸铜线短接后，接在绝缘电阻表E端。必要时，为减少表面泄漏影响测量值，可用裸铜线在二次侧瓷套管的瓷裙上缠绕几匝之后，再用绝缘导线接在绝缘电阻表G端。

（7）在测量时，应用手按着绝缘电阻表外壳（以防振动）。当表针指示为0时，应立即停止摇动，以免烧表。

（8）测量时，应将绝缘电阻表置于水平位置，以约120r/min的速度转动发电机的摇把，在15s时读取一数（R15），在60s时再读一数（R60），记录摇测数据。

（9）待表针基本稳定后读取数值，先撤出L测线后再停摇绝缘电阻表。

（10）摇测前后均要用放电棒将变压器绕组对地放电。

三、变压器常见故障及检修

（一）绕组匝间或层间短路

1．故障原因

（1）变压器运行年久，绕组绝缘老化。

（2）绕组绝缘受潮。

（3）绕组绕制不当，使绝缘局部受损。

（4）油道内落入杂物，使油道堵塞，局部过热。

2．故障现象

（1）变压器异常发热。

（2）油温升高。

（3）油发出特殊的“嘶嘶”声。

（4）电源侧电流增大。

（5）三相绕组的直流电阻不平衡。

（6）高压熔断器熔断。

（7）气体继电器动作。

（8）储油柜冒黑烟。

3. 维修方法

(1) 更换或修复所损坏的绕组、衬垫和绝缘筒。

(2) 进行浸漆和干燥处理。

(3) 更换或修复绕组。

(二) 绕组接地或相间短路

1. 故障原因

(1) 绕组主绝缘老化或有破损等严重缺陷。

(2) 变压器进水，绝缘油严重受潮。

(3) 油面过低，露出油面的引线绝缘距离不足而击穿。

(4) 绕组内落入杂物。

(5) 过电压击穿绕组绝缘。

2. 故障现象

(1) 高压熔断器熔断。

(2) 安全气道薄膜破裂、喷油。

(3) 气体继电器动作。

(4) 变压器油燃烧。

(5) 变压器振动。

3. 维修方法

(1) 更换或修复绕组。

(2) 更换或处理变压器油。

(3) 检修渗漏油部位，注油至正常位置。

(4) 清除杂物。

(5) 更换或修复绕组绝缘，并限制过电压的幅值。

(三) 铁芯故障

1. 故障原因

(1) 叠片间短路、熔化。

(2) 铁芯未夹紧或零部件松动，响声不正常。

(3) 铁芯接地点过多，产生环流引起铁芯发热。

2. 故障现象

(1) 铁芯接地不良。

(2) 铁芯多点接地。

(3) 铁芯片间短路。

其中铁芯多点接地是变压器较为常见的故障，分为牢靠性和动态性多点接地。

3. 维修方法

停电测量铁芯的绝缘电阻，并取油样通过气相色谱和电气法进行分析，测试其绝缘强度，若低于标准，则及时更换绝缘垫和螺栓套管及硅钢片。

(四) 绕组断线

1. 故障原因

(1) 制造装配不良，绕组未压紧。

(2) 短路电流的电磁力作用。

(3) 导线焊接不良。

(4) 雷击造成断线。

(5) 制造上缺陷，强度不够。

2. 故障现象

(1) 变压器发出异常声音。

(2) 断线相无电流指示。

(3) 气体继电器内有灰黑色可燃气体产生。

(4) 产生电弧，变压器油分解，仪表指针摆动。

3. 维修方法

(1) 修复变形部位，必要时更换绕组。

(2) 拧紧压圈螺钉，紧固松脱的衬垫、撑条。

(3) 割除熔蚀面或截面缩小的导线或补换新导线。

(4) 修补绝缘，并作浸漆干燥处理。

(5) 修复改善结构，提高机械强度。

四、维护检修常识

变压器一般半年进行一次小检，一年进行一次维护修理，以及时发现维修设备部件的缺陷和存在的隐患，从而确保变压器的安全运行。

检查内容主要包括外部清扫，各部位密封处有无渗漏；清扫并检查套管有无裂纹和放电痕迹；检查油位及油质；清洁并检查散热器，检查风扇电动机、温度计、气体继电器；检查吸湿干燥剂是否变色。维修时做绝缘预防性实验和继电保护实验。

【技能训练2】电源变压器的检测

一、目测法

观察电源变压器的外观，检查其是否有明显异常现象，如绕组引线是否断裂、脱焊，绝缘材料是否有烧焦痕迹，铁芯紧固螺杆是否有松动，硅钢片有无锈蚀，绕组线圈是否有外露等。

二、绝缘性能检测

用万用表 $R\times10\text{k}$ 挡分别测量铁芯与初级、初级与各次级、铁芯与各次级、静电屏蔽层与各次级、次级各绕组间的电阻值，万用表指针均应指在∞位置不动。否则，说明变压器绝缘性能不良。

三、线圈通断的检测

将万用表置于 $R\times1$ 挡，测量各绕组的阻值，若某个绕组的电阻值为∞，则说明此绕组有断路性故障。

四、一次、二次绕组判别

电源变压器一次侧引脚和二次侧引脚一般都是分别从两侧引出的，并且一次绕组多标有220V字样，二次绕组则标出额定电压值，如15、24、35V等。再根据这些标记进行识别。

五、空载电流的检测

1. 直接测量法

将二次侧所有绕组全部开路，把万用表置于交流电流挡（500mA），串入一次绕组。当一次绕组的插头插入220V交流电时，万用表所指示的便是空载电流值。此值不应大于变压器满载电流的10%～20%。电源变压器的正常空载电流应在100mA左右。如果超出太多，则说明变压器有短路性故障。

2. 间接测量法

在变压器的一次绕组中串联一个 10Ω/5W 的电阻，二次侧仍全部空载。把万用表拨至交流电压挡。加电后，用两表笔测出电阻 R 两端的电压降 U，然后用欧姆定律算出空载电流 I，即 $I=U/R$。

六、空载电压的检测

将电源变压器的一次侧接 220V 市电，用万用表交流电压挡依次测出各绕组的空载电压值，允许误差范围一般为：高压绕组不大于±10%，低压绕组不大于±5%，带中心抽头的两组对称绕组的电压差应不大于±2%。一般小功率电源变压器允许温升为 40～50℃，如果所用绝缘材料质量较好，允许温升还可提高。

七、检测判别各绕组的同名端

在使用电源变压器时，有时为了得到所需的二次侧电压，可将两个或多个二次绕组串联起来使用。采用串联法使用电源变压器时，参加串联的各绕组的同名端必须正确连接，不能搞错；否则，变压器不能正常工作。

八、电源变压器短路性故障的检测

电源变压器发生短路性故障后的主要症状是发热严重和二次绕组输出电压失常。通常，绕组内部匝间短路点越多，短路电流就越大，而变压器发热就越严重。

检测电源变压器是否有短路性故障的简单方法是测量空载电流（测试方法前面已经介绍）。存在短路故障的变压器，其空载电流值将远大于满载电流的 10% 。当短路严重时，变压器在空载加电后几十秒钟之内便会迅速发热，用手触摸铁芯会有烫手的感觉。此时不用测量空载电流便可断定变压器有短路点存在。

参 考 文 献

[1] 才家刚. 电机使用与维护. 北京：化学工业出版社，2002.
[2] 李乃夫. 电动机维修实训. 北京：高等教育出版社，2007.
[3] 杜德昌. 电工基本操作技能训练. 北京：高等教育出版社，1998.
[4] 黄永铭. 电动机与变压器维修. 北京：高等教育出版社，2005.
[5] 程周. 电工与电子技术. 北京：高等教育出版社，2001.
[6] 李乃夫. 电动机维修实训. 北京：高等教育出版社，2003.
[7] 郑立冬. 电机与变压器. 北京：人民邮电出版社，2008.